I,x-Diagramme feuchter Luft

und ihr Gebrauch bei der Erwärmung
Abkühlung, Befeuchtung, Entfeuchtung von Luft
bei Wasserrückkühlung und beim Trocknen

Von

Dr.-Ing. Max Grubenmann
Salzburg

Vierte ergänzte Auflage

Mit 34 Abbildungen und 4 Diagrammen

Springer-Verlag Berlin Heidelberg GmbH 1958

Additional material to this book can be downloaded from http://extras.springer.com

ISBN 978-3-540-02274-9   ISBN 978-3-662-12042-2 (eBook)
DOI 10.1007/978-3-662-12042-2

Alle Rechte, insbesondere das der Übersetzung in fremde Sprachen, vorbehalten
Ohne ausdrückliche Genehmigung des Verlages ist es auch nicht gestattet,
dieses Buch oder Teile daraus auf photomechanischem Wege
(Photokopie, Mikrokopie) zu vervielfältigen

© by Springer-Verlag Berlin Heidelberg 1958
Ursprünglich erschienen bei Springer-Verlag OHG., Berlin/Göttingen/ Heidelberg 1958

Die Wiedergabe von Gebrauchsnamen, Handelsnamen, Warenbezeichnungen usw. in diesem Buche berechtigt auch ohne besondere Kennzeichnung nicht zu der Annahme, daß solche Namen im Sinne der Warenzeichen- und Markenschutz-Gesetzgebung als frei zu betrachten wären und daher von jedermann benutzt werden dürften

Vorwort zur vierten Auflage

Die vierte Auflage ist dadurch gekennzeichnet, daß ich eine vollständige Umstellung der Abschnitte vornahm, indem nach dem 5. Abschnitt, der nur von Luft und Wasser handelt, ein 6. Abschnitt mit dem Titel *Austausch von Gut und Wärme zwischen Gas und Gut* folgt, der als Einleitung für die folgenden Abschnitte dient; es ist dies ein Auszug aus der Zeitschrift Chemie-Ingenieur-Technik, Jahrgang 1951, Nr. 6, von Herrn Prof. Dr.-Ing. EMIL KIRSCHBAUM, Technische Hochschule Karlsruhe (Baden), dem ich hierfür bestens danke.

Zur Abkürzung verwende ich jetzt, entsprechend dem Vorschlag von Herrn Dozent BERTHOLD KOCH, Technischer Physiker, Dissen (T.-W.), an Stelle von mm Q.-S. von 0° C das Wort Torr, zur Erinnerung an den Erfinder des Barometers, TORRICELLI, der es 1643 erfand.

Außerdem fügte ich, geäußerten Wünschen entsprechend, ein weiteres Diagramm mit dem Temperaturbereich von — 30 bis + 40° C bei.

Salzburg, im Mai 1958

M. Grubenmann

Vorwort zur ersten Auflage

Die beiliegenden Zustandstafeln feuchter Luft unter atmosphärischem Drucke sind entstanden auf Grund des Vorschlages von Prof. Dr. R. MOLLIER, veröffentlicht in der Zeitschrift des Vereins deutscher Ingenieure, Jg. 1923, S. 869; die dortige Tafel ist vom Unterzeichneten ergänzt worden durch Beifügung der Sättigungskurven und Dampfdruckkurven für einige Barometerstände. Die in der MOLLIERschen Tafel enthaltenen Kurven konstanter relativer Feuchtigkeit mußten wegbleiben; die relative Feuchtigkeit läßt sich jedoch vermittels der Dampfdruckkurven rasch ermitteln.

Die Darstellung erweist sich in der Praxis als außerordentlich geeignet und übersichtlich, besonders auch der von MOLLIER vorgeschlagene Randmaßstab für I/x.

Im ersten Teile des nachfolgenden Textes werden der Aufbau der Tafel und die dazu notwendigen Gesetze besprochen, anschließend daran der Gebrauch der Tafel in den verschiedenen Anwendungsgebieten.

Zürich, im Juli 1925

Vorwort zur zweiten Auflage

Die seit dem Erscheinen der ersten Auflage erzielten Forschungsergebnisse der technischen Wissenschaften veranlaßten mich, entsprechend den Anregungen des Verlages und des Herrn Prof. Dr.-Ing. habil. E. KIRSCHBAUM, Technische Hochschule Karlsruhe, diese Neuauflage den heutigen Kenntnissen anzupassen und entsprechend zu erweitern. So habe ich nun auch in den beiden Tafeln I und II eine mit der Temperatur veränderliche, spezifische Wärme für trockene Luft, bei unveränderlichem Drucke, angewandt — in Abschnitt 12. „Trocknen" einiges von den letzten, mir bekannten, Veröffentlichungen des Herrn Prof. KIRSCHBAUM, auszugsweise, zugefügt — in der Tafel III den x-Bereich etwa verdoppelt.

Herrn Prof. KIRSCHBAUM spreche ich hier meinen besten Dank aus.

Zürich, im März 1942

Vorwort zur dritten Auflage

Die neue Auflage ist durch zwei Neuigkeiten gekennzeichnet, nämlich die weniger wichtige, daß ich statt *I x-Tafeln* nun *I, x-Diagramme* als Anschrift verwende; der Grund dazu liegt darin, daß die neue Bezeichnung auf die graphische Darstellung der Größen I und x in ihren Beziehungen hinweisen, während das bei den „Tafeln" nicht der Fall war.

Die wichtigere, zweite Neuerung ist nun die, daß in den neuen Diagrammen das *schiefwinklige*, von Herrn Prof. MOLLIER 1923 angewandte, *Koordinatensystem* durch ein *rechtwinkliges* ersetzt wurde. Viele Leser hatten sich am schiefwinkligen gestoßen und daher meine Druckschrift nicht angewandt; durch diese neue Veröffentlichung hoffe ich nun, daß diese Leser sich bekehren werden. Diese Diagramme gestatten ein viel flüssigeres Anwenden. Die Randmaßstäbe haben sich zu ihrem Vorteil verändert, indem stark zusammengedrückte Stellen im Verwendungsbereich nicht mehr vorkommen.

Die Unterlagen hierzu stammen wiederum von Herrn Prof. Dr.-Ing. E. KIRSCHBAUM, Technische Hochschule Karlsruhe (Baden), dem ich die Diagramme 1 und 2 (die Kopien der von ihm erstellten 2 Diagramme sind) die in Absatz 5 beigefügte Anweisung des neuen I, x-Diagrammes, sowie den ausführlichen Anhang zu Absatz 12, sowie auch den neuen Absatz 15, Zerstäubungstrockner, verdanke; er unterstützte mich auch sonst oft. Ich möchte es daher nicht unterlassen, ihm auch dieses Mal ganz besonders außerordentlich zu danken.

Zürich, im Februar 1952

Inhaltsverzeichnis

		Seite
1.	Gase und ihre Mischungen	1
2.	Atmosphärische Luft, I, x-Diagramm	3
	Relative Feuchte S. 3. — Wärmeinhalt I S. 3. — Relative Feuchte S. 5. — Sättigungsgrenze S. 6. — Behaglichkeitsgrenze S. 7.	
3.	Zustandsänderungen feuchter Luft, I, x-Maßstab des I, x-Diagramms	7
	Zustandsänderungen bei $x =$ konst. S. 7. — Taupunkt S. 7. — Kondensationshygrometer S. 8. — Zustandsänderungen bei $I =$ konst. S. 8. — Randmaßstab für I/x S. 9.	
4.	Mischen von Luftmengen verschiedenen Zustandes bei $h =$ konst.	9
5.	Beimischen von Wasserdampf zu Luft	11
	Änderung des Volumens von $1 + x$ kg S. 11. — Änderung des spezifischen Volumens S. 13.	
6.	Austausch von Gut und Wärme zwischen Gas und Gut	13
7.	Luftdurchströmter Kanal, enthaltend eine Wassermenge	21
8.	Luft- und wasserdurchströmter Kanal	23
9.	Kontinuierliche Wasserrückkühlung durch Luft	24
10.	Erwärmung und Abkühlung von Luft	25
11.	Befeuchtung von Luft	26
12.	Nebel, Entfeuchtung, Entnebelung	28
13.	Kontinuierliche Trockner	30
14.	Kammertrockner	35
15.	Zerstäubungstrockner	37
16.	I, x-Diagramm für Kältezwecke	38
17.	I, x-Diagramm für hochtemperierte Luft	38
18.	Trocknen mit Feuergasen	39

Häufig gebrauchte Bezeichnungen

- A Gewichtsmenge feuchter Luft, kg.
- L Gewichtsmenge trockener (wasserdampffreier) Luft, kg.
- W Gewichtsmenge Wasser oder Wasserdampf, kg.
- x die in feuchter Luft auf 1 kg trockene Luft entfallende Wassermenge, kg.
- x_S dasselbe bei Sättigung.
- h Barometerstand, Torr.
- h_W Teildruck des Wasserdampfes in feuchter Luft, Torr.
- h_{WS} dasselbe bei Sättigung.
- h_L Teildruck der trockenen Luft, Torr.
- t Temperatur, °C.
- $T = t + 273$ absolute Temperatur.
- c_{Lp} spezifische Wärme von trockener Luft ($x = 0$) bei konstantem Druck, kcal/kg °C.
- c_{Wp} spezifische Wärme von Wasserdampf bei konstantem Druck, kcal/kg °C.
- $\varphi = h_W/h_{WS}$ bei $t =$ konst., relative Feuchte der Luft.
- i_L Wärmeinhalt von 1 kg trockener Luft, kcal/kg.
- i_W Wärmeinhalt von 1 kg Wasser oder Wasserdampf, kcal/kg.
- $I = i_L + x i_W$ Wärmeinhalt einer feuchten Luftmenge, bestehend aus 1 kg trockener Luft und x kg Wasserdampf.
- V Volumen, Rauminhalt, m³.
- v spezifische Volumen, Rauminhalt von 1 kg, m³/kg.
- γ spezifisches Gewicht, Gewicht von 1 m³, kg/m³.
- Q, q Wärmemengen, kcal.
- r Verdampfungswärme von 1 kg Wasser, kcal/kg.
- α Wärmeübergangszahl kcal/m² h °C.
- σ Verdunstungszahl kg/m² h.
- β Diffusionszahl m²/h.

Die Bedeutung weiterer diesen Bezeichnungen beigefügten Zeiger ist jeweils im Text gegeben.

1. Gase und ihre Mischungen

Die Gase befolgen innerhalb der für vorliegenden Zweck geltenden Druck- und Temperaturgrenzen genügend genau die Zustandsgleichung nach BOYLE-MARIOTTE-GAY-LUSSAC

$$P v = RT \quad \text{für 1 kg Gas} \tag{1}$$

$$PGv = PV = GRT \quad \text{für } G \text{ kg Gas,} \tag{2}$$

wobei bezeichnen:

P den absoluten Druck in kg/m²,
v das Volumen (Rauminhalt) von 1 kg Gas in m³/kg,
V das Volumen von G kg in m³,
$T = t + 273$ die absolute Temperatur,
R die Gaskonstante, in mkg/Grad, kg, welche also eine Arbeit darstellt[1].

Diese Zustandsgleichung kann auch auf die einzelnen Anteile einer Gasmischung angewendet werden; es seien $g_1, g_2, g_3, g_4 \ldots$ die im gemeinsamen Raume v_M enthaltenen Gewichtsanteile der einzelnen Gasarten in der Gemischmenge 1 kg; dann ist

$$g_1 + g_2 + g_3 + \cdots = 1.$$

Die Zustandsgleichungen der einzelnen Anteile g lauten:

$$\left.\begin{array}{l} P_1 v_M = g_1 R_1 T, \\ P_2 v_M = g_2 R_2 T. \\ \cdots\cdots\cdots \end{array}\right\} \tag{3}$$

Dabei bedeuten $P_1, P_2 \ldots$ die Teildrücke der einzelnen Gase, die nach DALTON so groß sind, als wenn jedes Gas allein im Raume v_M enthalten wäre; die Summe der Teildrücke ergibt den Gesamtdruck P_M

$$P_1 + P_2 + P_3 + \cdots = P_M.$$

Sehr instruktiv ist auch die von WEGENER[2] gegebene Formulierung des DALTONschen Gesetzes: Der Teildruck der Gase ist von der Anwesenheit anderer Gase unabhängig.

Addieren wir die obigen Zustandsgleichungen (3), so erhalten wir

$$(P_1 + P_2 + P_3 + \cdots) v_M = P_M v_M = (g_1 R_1 + g_2 R_2 + g_3 R_3 + \cdots) T = R_M T,$$

also

$$P_M \cdot v_M = R_M T; \tag{4}$$

die Zustandsgleichung ist also auch auf die Mischung anwendbar mit der Gaskonstanten

$$R_M = g_1 R_1 + g_2 R_2 + g_3 R_3 + \cdots. \tag{5}$$

---
[1] SCHMID, E.: Thermodynamik. Braunschweig: 1911
[2] WEGENER: Thermodynamik der Atmosphäre. Leipzig: J. A. Barth 1911

Die Gaskonstanten $R_1, R_2, R_3 \ldots$ sind umgekehrt proportional dem Molekulargewicht der Gase $\mu_1, \mu_2, \mu_3 \ldots$; setzt man μ für Sauerstoff $= 32$, so ergibt die Rechnung für alle Gase:

$$R = 848/\mu.$$

Die Gaskonstante einer Mischung R_M ist umgekehrt proportional dem durchschnittlichen Molekulargewicht der Gasmischung μ

$$R_M = 848/\mu,$$

wobei

$$\mu_M = \frac{n_1 \mu_1 + n_2 \mu_2 + n_3 \mu_3 + \cdots}{n_1 + n_2 + n_3 + \cdots}; \tag{6}$$

wenn $n_1, n_2, n_3 \ldots$ die Anzahl der Molekel (zu $\mu_1, \mu_2, \mu_3 \ldots$/kg Gas) der einzelnen Gasarten im Gemisch 1 kg bedeuten:

$$n_1 = \frac{g_1}{\mu_1}, \quad n_2 = \frac{g_2}{\mu_2}, \quad n_3 = \frac{g_3}{\mu_3} \ldots$$

Das *spezifische Volumen* (Rauminhalt von 1 kg Gas) v_M in m³/kg und damit das spezifische Gewicht $\gamma_M = 1/\mu_M$ lassen sich berechnen sowohl aus den Zustandsgleichungen der Anteile Gl. (3), als auch aus der Zustandsgleichung der Mischung Gl. (4).

Der hier mitwirkende Wasserdampf kann bei den hier vorhandenen Druckverhältnissen als vollkommenes Gas betrachtet werden, das Herr Prof. Dr.-Ing. Ernst Schmidt[1] ausführlich begründete.

Folgende Zahlen, entnommen der „Hütte", 27. Aufl., Bd. I, S. 546 bzw. 565, geben Molekulargewicht μ und Gaskonstante R für Luft und Wasserdampf:

	Molekulargewicht μ		Gaskonstante R
	angenähert	genau $O_2 = 32$	
Luft (CO_2-frei)	(29)	(28,96)	29,27
Wasserdampf	18	18,02	47,06

Mit *spezifischer Wärme bei konstantem Druck* (c_p) bezeichnet man diejenige Wärmemenge, die man einem Kilogramm Gas zuzuführen hat, um dessen Temperatur um 1° zu erhöhen, wenn dabei der Druck gleich bleibt; c_p wird in kcal/kg gemessen. Die spezifische Wärme nimmt bei den oben aufgeführten Gasen mit der Temperatur zu.

Unter dem *Wärmeinhalt i* verstehen wir diejenige Wärmemenge, die erforderlich ist, um die Temperatur von 1 kg Gas bei konstantem Druck von 0° C auf t° C zu erhöhen; i wird ebenfalls in kcal/kg gemessen.

Mit für unsere Zwecke genügender Genauigkeit können wir i für Gase als vom Drucke unabhängig und als Funktion nur der Temperatur betrachten.

Der Wärmeinhalt eines Gasgemisches $g_1 + g_2 + g_3 \cdots = 1$ kg ist

$$i = g_1 i_1 + g_2 i_2 + g_3 i_3 \cdots \text{kcal/kg}, \tag{7}$$

wenn $i_1, i_2, i_3 \ldots$ die Wärmeinhalte der einzelnen Gase, die in der Mischung enthalten sind, bedeuten.

---

[1] Schmidt, E.: Einführung in die technische Thermodynamik. S. 134/135. Berlin: Springer 1936

2. Atmosphärische Luft, I, x-Diagramm

Atmosphärische Luft ist *im großen ganzen* ein Gemisch aus Luft und Wasserdampf. Die Aufnahmefähigkeit der Luft für Wasserdampf ist begrenzt und abhängig von der Temperatur und dem Luftdruck. Der letzterem entsprechende Druck setzt sich zusammen aus dem Teildruck der Luft und dem Teildruck des Wasserdampfes; bezeichnet h den Barometerstand, h_L und h_D die Teildrucke von Luft und Wasserdampf, so ist

$$h = h_L + h_D.$$

Stimmt h_D bei einer Atmosphärentemperatur $t°$ mit dem Druck gesättigten Wasserdampfes von der Temperatur $t°$ überein, so ist die Atmosphäre mit Wasserdampf gesättigt; diese Sättigung der Luft ist noch nicht sichtbar; Sichtbarkeit tritt erst mit Nebelbildung ein; Nebel besteht aus kleinen, schwebenden Wassertröpfchen, die nur die Luft mit die Sättigung überschreitendem Wassergehalt, also in übersättigter Luft, bestehen können; dieser Zustand ist der Anfang der Verdichtung des Wasserdampfes zu Wasser.

In nicht gesättigter Luft ist der Wasserdampf überhitzt,[1] da seine Temperatur höher ist als die dem Wasserdampf-Teildruck entsprechende Sattdampftemperatur; die Überhitzung ist bei unveränderlicher Temperatur der feuchten Luft um so größer, je geringer der Wasserdampfgehalt der Luft ist.

Bezeichnet φ das Verhältnis des in feuchter Luft vorhandenen Wasserdampfdruckes (h_D) zu dem bei Sättigung und gleicher Temperatur vorhandenen (h_{DS}) als *relative Feuchte*, so ist

$$\varphi = \frac{h_D}{h_{DS}}, \text{ wobei } t = \text{konst}. \qquad (8)$$

Da bei Veränderungen, die Dampfluftgemische erleiden, die Menge der Luft meist erhalten bleibt, während die Dampfmenge sich vielfach ändert, so wählt man zur Betrachtung der Veränderungen am besten eine Gemischmenge, bestehend aus 1 kg trockener Luft und einer veränderlichen Dampfmenge x. Besteht also eine Gemischmenge A kg aus L kg Luft und D kg Wasserdampf, so daß

$$A = L + D \text{ kg}, \qquad (9)$$

so ist die auf 1 kg Luft entfallende Wasserdampfmenge x

$$x = \frac{D}{L}. \qquad (10)$$

Den *Wärmeinhalt* einer Gemischmenge $1 + x$ kg bezeichnen wir, da die Menge ≥ 1 ist, mit I und können dann schreiben

$$I = i_L + x\, i_D \text{ kcal}. \qquad (11)$$

In dem hier in Betracht kommenden Druck- und Temperaturbereich kann die spezifische Wärme c_D von Wasserdampf, von 0° C an gerechnet, als konstant angenommen werden; wir setzen daher

$$c_D = 0{,}46 \quad \text{und} \quad i_D = 0{,}46 \cdot t \text{ kcal/kg},$$

Für Luft setzen wir, da c_{Lp} hier mit steigender Temperatur zunimmt:

$$i_L = c_{Lp} \cdot t \text{ kcal/kg}.$$

---

[1] besitzt also die Eigenschaften eines Gases

Folgende Zahlentafel[1] zeigt für c_{Lp} folgende Werte:

°C	0	10	20	30	40	50
kcal/kg	0,2410	0,2413	0,2416	0,2419	0,2422	0,2426
°C	60	70	80	90	100	120
kcal/kg	0,2429	0,2432	0,2435	0,2438	0,2441	0,2447

Damit wird

$$I = c_{Lp} \cdot t + x \cdot 0{,}46 \cdot t = t\,(c_{Lp} + 0{,}46 \cdot x). \tag{12}$$

Diese Gleichung ermöglicht nun eine sehr praktische von MOLLIER[2] gegebene und von Prof. KIRSCHBAUM vereinfachte, bildliche Darstellung von I in einem Koordinatensystem, dessen Aufbau Abb. 1 zeigt.

Die neue durch Prof. KIRSCHBAUM[3] verwendete Anordnung schließt sich nun an die bisher üblichen, allgemein angewandten *rechtwinkligen* Koordinatensysteme an und ist damit nun nicht mehr etwas Außergewöhnliches.

Die Orte konstanter Temperatur t und konstanten Wärmeinhaltes I sind Gerade und lassen sich daher durch zwei ihrer Punkte leicht eintragen.

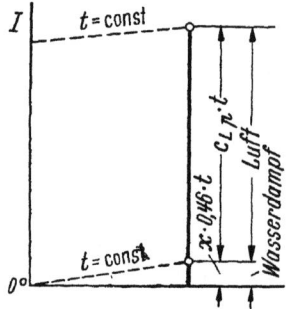

Abb. 1. Aufbau des I, x-Diagramms

Es wurde bereits erwähnt, daß die Aufnahmefähigkeit der Luft für Wasserdampf abhängig ist von Temperatur und Barometerstand; wir wollen jetzt diesem Zusammenhang nähertreten. Hierzu stellen wir für eine Gemischmenge $1 + x$, bestehend aus 1 kg Luft und x kg Wasserdampf, von der Temperatur $T = 273 + t$, unter dem Atmosphärendruck h in Torr[4] stehend, die Zustandsgleichungen für die Gemischanteile und das Gemisch auf; der Teildruck der Luft sei h_L, der des Wasserdampfes h_D, beide in Torr; es ist dann:

$$h = h_L + h_D.$$

Das Volumen der Gemischmenge $1 + x$ kg sei mit V_{1+x} bezeichnet; dieses Volumen nehmen auch die Gemischanteile ein, wenn sie unter ihren Teildrücken stehen. Für die trockene Luftmenge 1 kg gilt dann die Zustandsgleichung

$$h_L V_{1+x} = B_L T,$$

wenn B_L die Gaskonstante bei Messung des Druckes in Torr bedeutet. Um die in der obenstehenden Zahlentafel aufgeführte Gaskonstante für Luft $R_L = 29{,}27$ anwenden zu können, muß der Druck in kg/m² eingesetzt werden

$$P_L V_{1+x} = R_L T;$$

da allgemein $h = P \cdot 0{,}07355$ ist, ergibt sich

$$\frac{h_L}{0{,}07355} V_{1+x} = 29{,}27\, T,$$

---

[1] TEN BOSCH: Die Wärmeübertragung. 3. Aufl., S. 257. Berlin: Springer 1936
[2] Z. VDI 1923, S. 869
[3] KIRSCHBAUM, EMIL: „Zustand des Gases und nassen Gutes beim Trockenvorgang". Chemie-Ingenieur-Technik 1951, Nr. 6
[4] Nach Vorschlag von Dozent BERTHOLD KOCH, technischer Physiker, „Grundlagen des Wärmeaustausches". Dissen T. W.: Verlagsanstalt H. Beucke & Söhne 1950

oder
$$h_L V_{1+x} = 2{,}153\, T \tag{13}$$

als Zustandsgleichung, wenn der Druck in Torr gemessen wird, d. h. $B_L = 2{,}153$.

Für die x kg Wasserdampf lautet die Zustandsgleichung mit $R_D = 47{,}06$

$$\frac{h_D}{0{,}07355} V_{1+x} = 47{,}06\, xT,$$

oder
$$h_D V_{1+x} = 3{,}461\, xT, \tag{14}$$

wenn h_D in Torr gemessen wird; d. h. $B_D = 3{,}461$.

Für die Gemischmenge $1 + x$ kg ergibt sich

$$hV_{1+x} = \left(\frac{1}{1+x} 2{,}153 + \frac{x}{1+x} 3{,}461\right)(1+x)\, T$$

oder
$$hV_{1+x} = (2{,}153 + x\, 3{,}461)\, T. \tag{15}$$

Ermitteln wir aus den Gl. (13) und (14) den Wert $\frac{V_{1+x}}{T}$ und berücksichtigen, daß $h_L = h - h_D$, so erhalten wir:

$$\frac{V_{1+x}}{T} = \frac{2{,}153}{h - h_D} = \frac{3{,}461\, x}{h_D},$$

woraus folgt

$$\frac{2{,}153}{3{,}461\, x} = \frac{0{,}622}{x} = \frac{h - h_D}{h_D}$$

oder
$$h_D = \frac{x\, h}{x + 0{,}622} \tag{16}$$

und
$$x = 0{,}622\, \frac{h_D}{h - h_D}. \tag{17}$$

Für ein gesättigtes Gemisch sei der auf 1 kg trockene Luft entfallende Wasserdampfanteil mit x_S bezeichnet, der Teildruck des Wasserdampfes mit h_{DS}; Gl. (17) lautet dann für diesen Fall

$$x_S = 0{,}622\, \frac{h_{DS}}{h - h_{DS}}; \tag{18}$$

dabei ist h_{DS} in Abhängigkeit von der Lufttemperatur durch die Dampftabellen gegeben. Die durch die Luft bei Sättigung aufnehmbare Wasserdampfmenge ist demnach durch Lufttemperatur und Barometerstand festgelegt.

Die *relative Feuchte* wird auch definiert als Gewichtsverhältnis des in 1 m³ feuchter Luft enthaltenen Wasserdampfes zu dem bei gleicher Temperatur und gleichem Barometerstand bei Sättigung vorhandenen; wir prüfen diese Definition:

Die in 1 m³ feuchter Luft enthaltene Dampfmenge beträgt $\frac{x}{V_{1+x}}$; bei Sättigung und gleicher Temperatur ist sie $\frac{x_S}{V_{1+x,S}}$; demnach ist nach obiger Definition

$$\varphi = \frac{\dfrac{x}{V_{1+x}}}{\dfrac{x_S}{V_{1+x,S}}} = \frac{V_{1+x,S}}{V_{1+x}} \cdot \frac{x}{x_S}.$$

Durch Anwendung von Gl. (14) auf die beiden Zustände und Division der beiden Gleichungen entsteht:

$$\frac{h_D}{h_{DS}}\frac{V_{1+x}}{V_{1+x,S}} = \frac{x}{x_S}, \quad \text{woraus folgt} \quad \frac{V_{1+x}\, x_S}{V_{1+x}} = \frac{h_D}{h_{DS}} = \varphi,$$

womit die Gültigkeit der obigen Definition (8) erwiesen ist.

Mit Gl. (16) können wir φ auch als Funktion von x, x_S und h darstellen:

$$\varphi = \frac{h_D}{h_{DS}} = \frac{x\,h\,(x_S + 0{,}622)}{x_S\,h\,(x + 0{,}622)} = \frac{x\,(x_S + 0{,}622)}{x_S\,(x + 0{,}622)}. \tag{19}$$

Die *absolute Feuchte*, d. i. die in 1 m³ feuchter Luft enthaltene Gewichtsmenge beträgt $\dfrac{x}{V_{1+x}}$; sie ergibt sich mit Gl. (15) zu

$$\frac{x}{V_{1+x}} = \frac{x\,h}{(2{,}153 + x\,3{,}461)\,T} = \frac{x\,h}{(x + 0{,}622)\,3{,}461\,T}\ \text{kg/m}^3.$$

Mit Gl. (18) kann nun in dem I, x-Diagramm die *Sättigungsgrenze* für jeden beliebigen Barometerstand eingetragen werden, indem x_S für einige Temperaturen im I, x-Diagramm festgelegt wird und die Punkte durch einen Kurvenzug verbunden werden (Abb. 2). Jedem Barometerstande entspricht eine Sättigungskurve. In Abb. 2 ist eine derartige Kurve eingetragen.

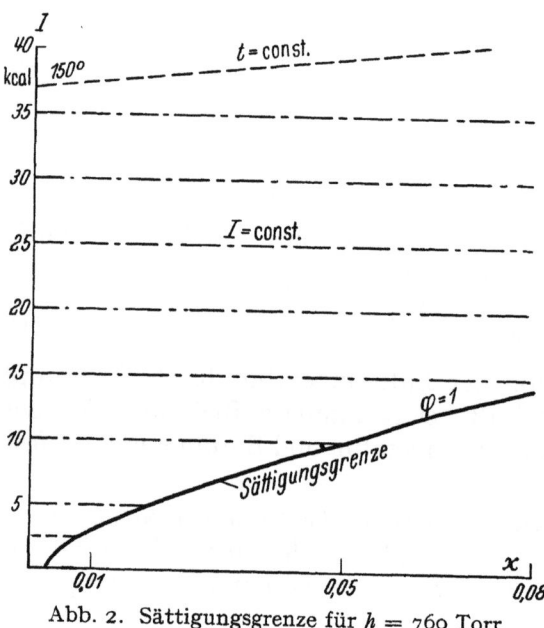

Abb. 2. Sättigungsgrenze für $h = 760$ Torr im I, x-Diagramm

Der Dampfteildruck h_D ist nach Gl. (16) abhängig von h und x; bei unveränderlichem Barometerstand sind demnach die Geraden $x =$ konst. der Tafel auch gleichzeitig der Ort für $h_D =$ konst.

Mit Hilfe der Dampftabellen kann die Spannungsdifferenz zwischen der auf einer Wasseroberfläche befindlichen, die Temperatur des Wassers aufweisenden, gesättigten, dünnen Luftschicht und der darüber befindlichen Luft bekannten Zustandes sofort ersehen werden; diese Spannungsdifferenz spielt bei der Verdunstung eine wichtige Rolle.

Ist die Gemischtemperatur höher als die dem herrschenden Barometerstande entsprechende Sattdampftemperatur, so verliert der Begriff relative Feuchte seine Gültigkeit; es kann von ihm nur die Rede sein, solange die Gemischtemperatur gleich oder kleiner ist als die Temperatur von Sattdampf von einem Druck gleich dem Barometerstand. Das Gebiet der relativen Feuchte wird also im I, x-Diagramm oben begrenzt durch eine Temperaturgerade $t_{hS} =$ konst., wo t_{hS} die dem Barometerstand entsprechende Sattdampftemperatur ist.

Errechnen läßt sich für einen Zustand h, t, φ der Wert x, indem man aus der Dampftabelle erst zu t den Wert h_{DS} entnimmt, $h_D = \varphi\, h_{DS}$ errechnet und damit x aus Gl. (17)

$$x = 0{,}622\,\frac{h_D}{h - h_D}.$$

Die seit einigen Jahren aufgekommenen *Behaglichkeitsgrenzen* für den menschlichen Körper in Temperatur und Feuchte, im *Klima*[1] lassen sich in den beiliegenden Diagrammen 1 und 2 bei verschiedenen Luftdrucken mit Hilfe von Temperatur, Sättigungsgrenze und Dampfdruckkurve leicht ermitteln und es kann die Behaglichkeitszone leicht eingetragen werden.

3. Zustandsänderungen feuchter Luft, I, x-Maßstab des I, x-Diagramms

Von einer Zustandsänderung in dem Sinne, wie diese Bezeichnung sonst bei Gasen und Dämpfen angewendet wird, indem dort stets von den Änderungen einer gleichbleibenden Gewichtsmenge die Rede ist, kann bei *Luft-Wasserdampf-Gemischen* nur gesprochen werden, wenn die Zustandsänderung bei unveränderlichem Luft- und veränderlichem Dampfgewicht vor sich geht. Solche kommen in der Praxis vielfach vor, nämlich dann, wenn feuchte Luft erwärmt oder abgekühlt wird, ohne den Taupunkt zu unterschreiten. Ebenso wichtig sind jedoch die Änderungen feuchter Luft bei welchen Wasserdampfaufnahme oder Wasserniederschlag stattfindet; diese

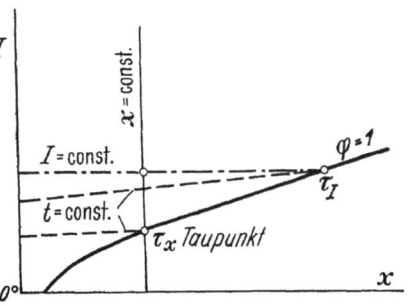

Abb. 3. Der Taupunkt im I, x-Diagramm

wären im Sinne obiger Ausführungen nicht mehr als Zustandsänderungen zu bezeichnen. Dennoch soll die Bezeichnungsweise beibehalten werden, da die Eigenschaften feuchter Luft bei gegebenem Barometerstand durch zwei der Zustandsgrößen t, I, x festgelegt sind und ihnen im I, x-Diagramm eindeutig ein Punkt entspricht.

Auf *Geraden* $= x =$ konst. erfolgen Zustandsänderungen bei unveränderlichem Dampfgehalt der feuchten Luft, d. h. Erwärmen oder Abkühlen durch Berührung mit trockenen Heiz- oder Kühlflächen und durch Strahlung. Gemäß Gl. (16) bleibt auch h_D unverändert. In Gl. (12)

$$I = c_{Lp}\, t + x\,(0{,}46 \cdot t)$$

bleibt x gleich; bei kleinem x ist $x \cdot 0{,}46\, t$ klein und der größte Teil der zu- oder abgeführten Wärme ΔI wird der trockenen Luft zugeführt oder entnommen. Diese Aufteilung von ΔI kann aus dem Diagramm ersehen werden, wenn man sich in die Abb. 3 eingetragene Zusammensetzung von I vergegenwärtigt.

Auf der *Geraden* $x =$ konst. durch einen Zustandspunkt findet sich im Schnittpunkt mit der Sättigungsgrenze ($\varphi = 1$) der *Taupunkt* (Abb. 3);

---

[1] Ausführliches hierüber in „Lüftungs- und Klima-Anlagen" einschließlich „Luftheizung" von Ing. M. HOTTINGER, Privatdozent a. d. E. T. H. in Zürich. S. 112 ff. Berlin: Springer 1940

wird er bei Wärmeentzug aus der feuchten Luft unterschritten, so tritt Wasserniederschlag ein.

Zur Bestimmung des Taupunktes der Atmosphäre dient das *Kondensationshygrometer*, bei welchem eine polierte Metallfläche durch dahinter befindlichen, verdampfenden Äther abgekühlt wird, dessen Temperatur an einem Thermometer abgelesen werden kann. Im Augenblick der Trübung der vorn befindlichen Metallfläche (Wasserniederschlag) besitzt der Äther die Taupunkttemperatur der gegen die Metallfläche bewegten Luft. Diese Bewegung wird gewöhnlich durch einen kleinen, durch Uhrwerk angetriebenen Ventilator hervorgerufen.

Den Taupunkt feuchter Luft bezeichnen wir mit τ_x, wobei Zeiger x andeuten soll, daß der Taupunkt auf der Geraden $x =$ konst. durch den Zustand der feuchten Luft liegt.

Zur rechnerischen Bestimmung des Taupunktes eines Zustandes h, t, φ entnehmen wir der Dampftabelle den zu t gehörigen Wert h_{DS}, ermitteln $\varphi h_{DS} = h_D$, und erhalten wiederum aus der Dampftabelle in der zu h_D gehörigen Sattdampftemperatur den gesuchten Wert τ_x. Hierbei muß im allgemeinen zwischen Tabellenwerten interpoliert werden.

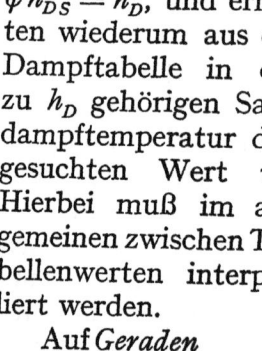

Pol o_1 liegt im linken Koordinaten-Nullpunkt.
Abb. 4. Der Randmaßstab für I/x

Auf *Geraden*

$$I = \text{konst.}$$

gehen Zustandsänderungen bei unveränderlichem Wärmeinhalt I unter Änderung von x vor sich; eine solche wird beispielsweise erzielt, wenn wir nicht gesättigter Luft geringe Mengen Wasserdampf von 0° C (dessen Wärmeinhalt $i_D = 0$ ist) beimengen; der Wasserdampf wird dann durch die Luft auf eine Gemischtemperatur t angewärmt. Die Folge ist eine Temperaturerniedrigung und Zunahme des Wassergehaltes x der Luft. Geht diese so weit, daß die Luft gesättigt wird, so ist weitere Wasseraufnahme nicht mehr möglich. Den auf diesem Wege erreichten Sättigungszustand bzw. dessen Temperatur wollen wir mit τ_I bezeichnen (Abb. 3)[1].

Wird eine Luftmenge $1 + x_1$ mit dem Wärmeinhalt I_1 in irgendeinen andern Zustand I_2, x_2 übergeführt, so stellt der Wert

$$\frac{I_2 - I_1}{x_2 - x_1} \quad \text{kcal/kg Wasserdampf}$$

---
[1] Weiteres über τ s. Abs. 6

die Änderung von I je kg zugeführten oder entzogenen Wasserdampfes dar. Er ergibt sich aus Gl. (12) zu

$$\frac{I_2 - I_1}{x_2 - x_1} = \frac{c_{Lp}(t_2 - t_1) + 0{,}46(x_2 t_2 - x_1 t_1)}{x_2 - x_1}$$

oder

$$\frac{I_2 - I_1}{x_2 - x_1} = 0{,}46 t_2 + \frac{t_2 - t_1}{x_2 - x_1}(c_{Lp} + 0{,}46 x_1) . \tag{20}$$

Im I, x-Diagramm ist der Wert $I_2 - I_1/x_2 - x_1$ durch den Neigungswinkel der Verbindungsgeraden der beiden Zustandspunkte I_1, x_1 und I_2, x_2 gegen die Abszissenachse bestimmt und läßt sich aus der Tafel in einfacher Weise entnehmen, wenn man nach dem Vorschlage MOLLIERS[1] *am Rande des Diagramms einen Richtungsmaßstab* für den Wert I/x anbringt, wie dies Diagramme 1, 2, 3 und 4 zeigen. Um den Wert $I_2 - I_1/x_2 - x_1$ für irgendeine Zustandsänderung 1—2 zu ermitteln, hat man nur durch den 0-Punkt ($x = 0$ und $t = 0°$ C) eine Parallele zu 1—2 zu ziehen, bei deren Durchgang durch den Randmaßstab der gesuchte Wert $I_2 - I_1/x_2 - x_1$ abgelesen werden kann.

Dieser Wert ist für alle von einem Anfangszustande I_1, x_1 aus in der Richtung $I_2 - I_1/x_2 - x_1$ erfolgenden Zustandsänderungen 1—2 konstant. Für die in Abb. 4 eingetragenen, von Punkt 1 aus erfolgenden Zustandsänderungen nach den Endzuständen 2, 3, 4, 5, 6 und 7 ergeben sich für

2. $\quad I_2 - I_1/x_2 - x_1 = \infty, \quad I_2 > I_1, \quad x_2 = x_1,$
d. h. Wärmeaufnahme bei $x = $ konst.,

3. $\infty > I_3 - I_1/x_3 - x_1 > 0, \quad I_3 > x_1, \quad x_3 > x_1,$
d. h. Wärmeaufnahme, Wasseraufnahme,

4. $\quad I_4 - I_1/x_4 - x_1 = 0, \quad I_4 = I_1, \quad x_4 > x_1,$
d. h. $I = $ konst., Wasseraufnahme,

5. $\infty < I_5 - I_1/x_5 - x_1 < 0, \quad I_5 < I_1, \quad x_5 > x_1,$
d. h. Wärmeabgabe, Wasseraufnahme,

6. $\quad I_6 - I_1/x_6 - x_1 = -\infty, \quad I_6 < I_1, \quad x_6 = x_1,$
d. h. Wärmeabgabe, bei $x = $ konst.,

7. $\quad I_7 - I_1/x_7 - x_1 > 0, \quad I_7 < I_1, \quad x_7 < x_1,$
d. h. Wärmeabgabe, Wasserabgabe.

Wasserabgabe aus der Luft kann nur erfolgen, wenn sie bereits gesättigt ist; die Zustandsänderung erfolgt dann auf der Sättigungskurve.

4. Mischen von Luftmengen verschiedenen Zustandes bei $h = $ konst.

Es soll eine Menge A_1 kg feuchter Luft vom Zustande I_1, x_1, enthaltend L_1 kg trockene Luft, mit einer andern A_2, I_2, x_2, L_2 gemischt werden. Die Mischung gehe bei unveränderlichem atmosphärischem Drucke vor sich. Der Zustand der Luft nach der Mischung, I_M, x_M, sei zu bestimmen. Es ist

$$A_1 = L_1(1 + x_1) \text{ kg} \quad \text{und} \quad A_2 = L_2(1 + x_2) \text{ kg} .$$

---
[1] Z. VDI. 1923, S. 869

4. Mischen von Luftmengen verschiedenen Zustandes bei $h =$ konst.

Wir setzen das Mischverhältnis

$$\frac{L_2}{L_1} = n; \qquad (21)$$

auf eine Menge $1 + x_1$ der feuchten Luft A_1 entfallen dann $n(1 + x_2)$ kg der feuchten Luft A_2; für die Mischung dieser beiden Mengen gilt die Gleichung

$$I_1 + n I_2 = (1 + n) I_M,$$

woraus folgt

$$I_M = \frac{I_1 + n I_2}{1 + n}; \qquad (22)$$

das Gemisch enthält $1 + n$ kg trockene Luft und $x_1 + x_2$ kg Wasserdampf; x_M ist demnach

$$x_M = \frac{x_1 + n x_2}{1 + n}, \quad \text{und} \quad n = \frac{x_1 - x_M}{x_M - x_2}. \quad (23)$$

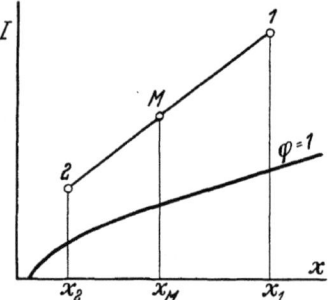

Abb. 5. Mischung zweier Luftmengen mit den Zuständen 1 und 2

Schreiben wir Gl. (22) und (23) in der Form

$$I_1 - I_M = n (I_M - I_2)$$

und

$$x_1 - x_M = n (x_M - x_2),$$

so erhalten wir durch Division der ersten durch die zweite

$$\frac{I_1 - I_M}{x_1 - x_M} = \frac{I_M - I_2}{x_M - x_2};$$

dies ist die Gleichung einer Geraden mit den Koordinaten I_M, x_M durch die Punkte I_1, x_1 und I_2, x_1.

Der Zustand I_M, x_M liegt daher auf der Verbindungsgeraden der Punkte 1 und 2 (Abb. 5); seine dortige Lage ist bestimmbar mit Gl. (22) oder (23); er liegt

näher an 2, wenn $L_2 > L_1$ und
näher an 1, wenn $L_1 > L_2$ ist.

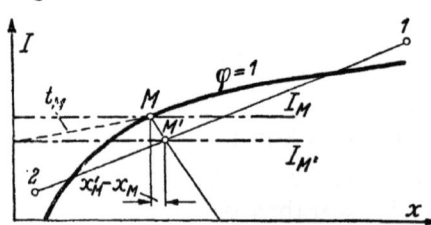

Abb. 6. Mischung zweier Luftmengen mit Wasserniederschlag

Schneidet die Verbindungsgerade 1—2 die Sättigungsgrenze, so kann sich ein Mischzustand ergeben, der außerhalb der Sättigungsgrenze liegt (I'_M x'_M in Abb. 6); es ist dann Wasserniederschlag eingetreten; unter der Voraussetzung, daß das Niederschlagswasser und die Mischluft I_M, x_M die gleiche Temperatur t_M aufweisen, bestimmt sich I_M, x_M aus der Gleichung, welche besagt, daß I_M übereinstimmen muß mit I'_M zuzüglich des Wärmeinhaltes des Niederschlagswassers

$$I'_M + x'_M \cdot r_0 = I_M + x'_M \cdot r_0 + (x'_M - x_M) \cdot t_M$$
$$I_M = I'_M + (x'_M - x_M)(r_0 - t_M).$$

Diese Gleichung ist an Hand des I, x-Diagrammes auf dem Probierwege zu lösen: Man sucht auf der Sättigungskurve denjenigen Punkt I_M, x_M, t_M, der die Gleichung erfüllt.

An die Stelle des unmöglichen Zustandes I'_M, x'_M der Gemischmenge $1 + x'_M$ ist nun getreten: eine Gemischmenge $1 + x_M$ und eine Wassermenge $x'_M - x_M$, beide mit der Temperatur t_M.

5. Beimischen von Wasserdampf zu Luft

Wir mischen einer Luftmenge $A = L(1+x_1)$ kg vom Zustande I_1, t_1 eine Menge *Wasserdampf* D kg bei, dessen Wärmeinhalt je kg mit i_D bezeichnet sei. Der Zustand des Gemenges $I_2, x_2 t_2$ sei zu bestimmen. Für die Mischung der Lten Teile A/L und D/L gelten die Gleichungen

$$I_1 + \frac{D}{L} i_D = I_2 \tag{24}$$

und

$$x_1 + \frac{D}{L} = x_2; \tag{25}$$

Gl. (24) dividiert durch (25) ergibt

$$\frac{I_2 - I_1}{x_2 - x_1} = i_D. \tag{26}$$

Durch diesen Wert ist die Richtung der Zustandsänderung im I, x-Diagramm festgelegt (Randmaßstab), sie erfolgt von I_1, x_1 aus in der Richtung $I/x = i_D$, wie groß auch der Wert von D/L sei; für einen gegebenen Wert von D/L gibt Gl. (25) den Wert x_2, womit der Zustand I_2, x_2 bestimmt ist.

Errechnen läßt sich der gesuchte Zustand aus Gl. (24) und (25), wenn man I_1 und I_2 durch ihre aus Gl. (12)

$$I = t(c_{Lp} + x \cdot 0{,}46)$$

sich ergebende Werte ersetzt. Um Luft zu konditionieren, d. h. der Luft bestimmte Temperatur und Feuchte beizubringen, kann es zweckmäßig sein, dies durch Dampfbeimischung zu erreichen.

Es soll Luft von 0° C und $\varphi = 0{,}4$ auf 150° C und $\varphi = 0{,}01$ erwärmt werden. Wir verbinden nun im I, x-Diagramm diese

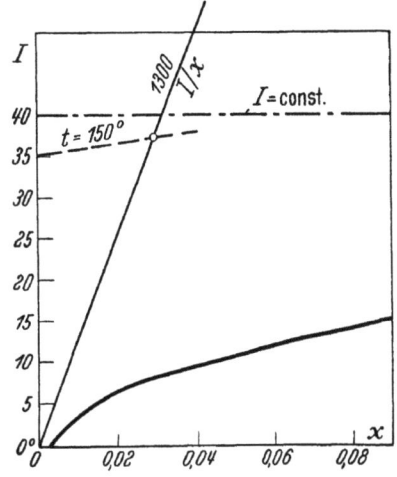

Abb. 7. Beimischen von Wasserdampf zu Luft

beiden Zustandspunkte durch eine Gerade, deren Parallele durch Pol 1 am Randmaßstab den Wert $I/x = 1300$ zeigt Abb. 7; es muß also Wärme und Wasserdampf aufgenommen werden (gemäß Abb. 7); sie betragen:

$$I_2 - I_1 = 38{,}65 - 0 = 38{,}65 \text{ kcal/kg} \quad \text{und} \quad x_2 - x_1 = 0{,}03 - 0{,}0016$$
$$= 0{,}0284 \text{ kg/kg trockener Luft von 0° C.}$$

Mit der Änderung des Dampfgehaltes x der Gemischmenge $1+x$ kg ist im allgemeinen auch eine *Veränderung ihres Volumens* verbunden. Um diese zu ermitteln, greifen wir zurück auf die Zustandsgleichung (14), geltend für x kg Wasserdampf in dem der Gemischmenge $1+x$ gemeinsamen Raume V_{1+x}

$$h_D V_{1+x} = 3{,}461 \, x T; \tag{14}$$

für einen andern Zustand x', T', h'_D lautet die Zustandsgleichung

$$h'_D V'_{1+x} = 3{,}641 \, x' T;$$

daraus ergibt sich

$$\frac{V'_{1+x}}{V_{1+x}} = \frac{h_D \, x' \, T'}{h'_D \, x \, T},$$

woraus unter Verwendung von Gl. (16)

$$h_D = \frac{x \, h}{x + 0{,}622}$$

folgt

$$\frac{V'_{1+x}}{V_{1+x}} = \frac{(x' + 0{,}622) \, T'}{(x + 0{,}622) \, T}. \tag{27}$$

Für Zustandsänderungen, die der Bedingung

$$(x + 0{,}622) \, T = (x' + 0{,}622) \, T'$$

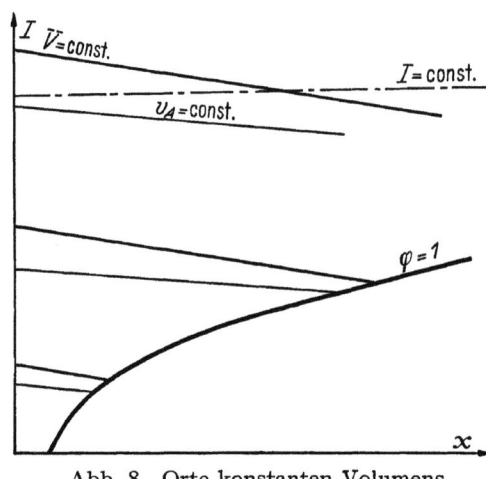

Abb. 8. Orte konstanten Volumens

genügen, bleibt also bei konstantem Gesamtdrucke h das Volumen der Gemischmenge konstant. Um über den Verlauf der Kurven

$$(x + 0{,}622) \, T = \text{konst.}$$

einen Einblick zu gewinnen, tragen wir im I, x-Diagramm einige derselben ein; das Bild, das wir erhalten, ist in Abb. 8 angedeutet, die Kurven sind annähernd Gerade, deren Richtung annähernd mit

$$I/x = -100$$

übereinstimmt.

Für

$$\frac{(x' + 0{,}622) \, T'}{(x + 0{,}622) \, T} > 1 \quad \text{ist} \quad V'_{1+x} > V_{1+x},$$

und für

$$\frac{(x' + 0{,}622) \, T'}{(x + 0{,}622) \, T} < 1 \quad \text{ist} \quad V'_{1+x} < V_{1+x}.$$

Volumenzunahmen ergeben Zustandsänderungen mit Richtungen $I/x >$ rd. -100, z. B. Beimischen von Wasserdampf zu Luft, Volumenverkleinerung dagegen für $I/x <$ rd. -100, z. B. Beimischen von flüssigem Wasser zu Luft.

Bleibt die Temperatur während einer Zustandsänderung unverändert, so gilt

$$\frac{V'_{1+x}}{V_{1+x}} = \frac{(x' + 0{,}622)}{(x + 0{,}622)}, \quad \text{für } T = \text{konst.} \tag{28}$$

womit, wenn $x' > x$, auch $V'_{1+x} > V_{1+x}$.

Für $x = $ konst. folgt aus Gl. (28)

$$\frac{V'_{1+x}}{V_{1+x}} = \frac{T'}{T}.$$

Von dieser absoluten Volumenänderung beim Übergang einer Gemischmenge $1 + x$ zu einer solchen $1 + x'$ zu unterscheiden, ist die *Änderung des spezifischen Volumens* (Rauminhalt von 1 kg) des Gemisches, v_A; sie ergibt für die Zustände x, T und x', T' zu

$$\frac{v_A'}{v_A} = \frac{(x' + 0{,}622)(1 + x) T'}{(x + 0{,}622)(1 + x') T};$$

für $v_L' = v_A$ gilt

$$\frac{1 + x}{(x + 0{,}622) T} = \frac{1 + x'}{(x' + 0{,}622) T'}, \qquad \text{für } v_A = \text{konst.} \qquad (29)$$

Die Kurven $v_A = $ konst., sind im I, x-Diagramm ebenfalls annähernd Gerade mit der annähernden Richtung $I/x = -30$; für Richtung $I/x > $ rd. -30 erfolgt Vergrößerung, für solche $<$ rd. -30 Verkleinerung des spezifischen Volumens.

Im umgekehrten Sinne erfolgt die Änderung des spezifischen Gewichtes (Gewicht von 1 m³) des Gemisches, da ja $\gamma_A = 1/v_A$.

Ferner ist

$$\frac{v_A'}{v_A} = \frac{(x' + 0{,}622)(1 + x)}{(x + 0{,}622)(1 + x')} \qquad \text{für } T = \text{konst.} \qquad (30)$$

6. Austausch von Gut und Wärme zwischen Gas und Gut[1]

Beim Gut ist zu unterscheiden, ob das Gut *hygroskopisch* oder *nichthygroskopisch* ist. Dieses ist dann *nichthygroskopisch*, wenn der Dampf der zu verdunstenden Flüssigkeit bei der vorliegenden Flüssigkeit bei der vorhandenen Gutstemperatur gerade gesättigt ist. Ist im Wasser z. B. Zucker gelöst, dann gilt das Gut bereits als hygroskopisch, weil daraus überhitzter Dampf entweicht.

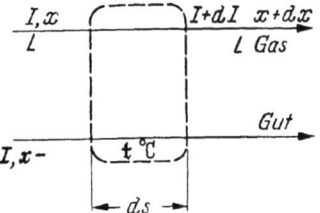

Abb. 9. Schema

Zunächst sei dargelegt, wie sich der Luftzustand ändert, *wenn diese über ein nasses und nichthygroskopisches Gut hinwegströmt*, und wie diese Zustandsänderung im I, x-Diagramm dargestellt wird. Der angeströmte Teil der Gutsoberfläche habe in der Strömungsrichtung eine Länge von ds, Abb. 9. Die zuströmende Luft habe den Wärmeinhalt I und den konstanten Dampfgehalt x, während der abströmenden Luft $I + dI$ und $x + dx$ zugehören. Die Menge an reiner, trockener Luft sei mit L (kg/h) bezeichnet. Nach einer gewissen Einstellungszeit erreicht das Gut die gleichbleibende *Gleichgewichtstemperatur* t (°C), welche allein durch die Wärmeübergangszahl zwischen Luft und Gut gegeben ist. Für die spezifische Wärme c (kcal/kg, °C) des flüssigen Wassers kann $c = 1$ gesetzt werden. Auf der Strecke ds nimmt der Wärmeinhalt des Gutes um den Betrag $1 \cdot dx \cdot t$ ab, weil $1 \cdot dx$ die Wassermenge darstellt, die das Gut auf dem Wege ds verliert. In der abströmenden Luft mit dem Gehalt an Wasser von $x + dx$ ist diese aber dampfförmig enthalten. Um es aber zu verdampfen muß je kg Wasser mit t (°C) der Wärmebetrag $\Delta I = L \cdot dx \cdot (r_0 + i_D) - L \cdot dx \cdot t$

---

[1] Auszug aus der Zeitschrift Chemie-Ingenieur-Technik, Jahrgang 1951, Nr. 6 S. 129—134 von Prof. Dr. EMIL KIRSCHBAUM, Technische Hochschule Karlsruhe, Baden

aufgebracht werden. Man gelangt zu diesem ΔI-Werte, wenn man davon ausgeht, daß von der Luft auf das Gut längs der Strecke ds die Wärmemenge $L \cdot dx \cdot (r_0 + i_D - t)$ hätte übergehen müssen, um die Flüssigkeit mit 0°C in Dampf vom Zustande, wie er in der abströmenden Luft vorliegt, zu verwandeln. Weil aber die Flüssigkeit vor der Verdampfung bereits eine Temperatur von t °C besitzt, ist von $L \cdot dx \cdot (r_0 + i_D - t)$ der Betrag $L \cdot dx \cdot t$ abzuziehen, so daß von der Luft auf das Gut längs ds tatsächlich nur die Wärmemenge $dI = L \cdot dx \cdot (r_0 + i_D)$ übertragen wird. Sie ist also vom Gesamt-Wärmeinhalt $L \cdot I$ der ankommenden Luft in Abzug zu bringen.

Dafür bringt aber die vom Gut in das Gas wandernde Dampfmenge den Wärmebetrag $L \cdot dx \cdot i_D$ mit, welcher demjenigen zuzuzählen ist, den die vom Gutsteilchen mit der Länge ds abströmende Luft aufweist. Es gilt daher

$$L \cdot (I + dI) = L \cdot I - dx\, L \\ \times (r_0 + i_D - t) + dx \cdot L \cdot i_D$$

oder, da L als gemeinsamer Faktor wegfällt und sich die beiden $L \cdot dx \cdot i_D$ aufheben, bleibt

$$dI = -dx \cdot r_0 + dx \cdot t,$$

woraus folgt

$$\frac{dI}{dx} = t - r_0. \qquad (31)$$

Solange der Zahlenwert der rechten Seite der Gl. (31) gleichbleibt kann der Differenzialwert dI/dx durch einen Differenzenwert

$$\Delta I/\Delta x = (I_2 - I_1)/(x_2 - x_1)$$

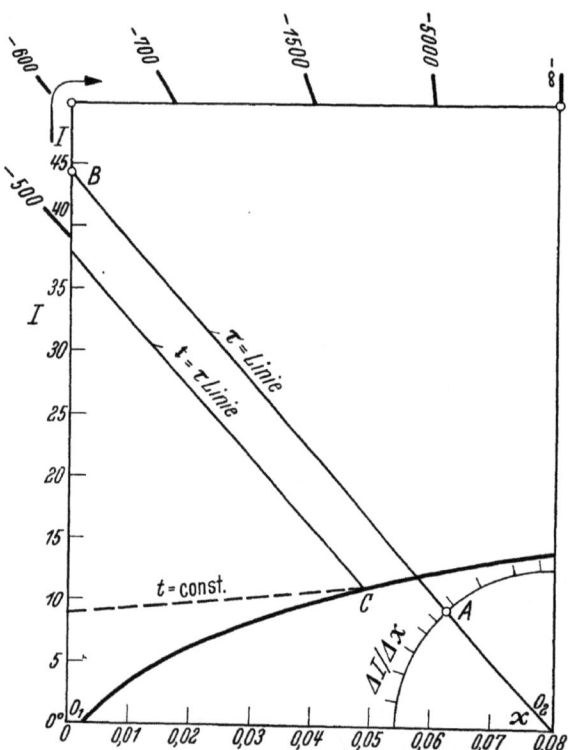

Abb. 10. Linien gleicher Kühlgrenze (τ = Linien) für die Kühlgrenztemperatur $t = \tau$

ersetzt werden, wenn sich die Indices 1 und 2 auf die Anfangs- und Endzustände beziehen. Der Maßstab für $dI/dx = \Delta I/\Delta x$ ist im Diagramm rechts unten auf einem Kreisbogenstück aufgetragen. Für eine Gutstemperatur von $t = 40°$ C wird $dI/dx = 40 - 597 = -557$. Streicht Luft über nasses *nichthygroskopisches Gut*, welches die Beharrungstemperatur $t = 40°$ C hat, so verändert sich der Zustandspunkt der Luft auf einer Geraden, welche zur Geraden parallel verläuft, die durch die Punkte O_2 und A geht. Die Richtung dieser Geraden O_2A wird genauer erhalten, wenn von dem im I, x-Diagramm oben und auf der oberen waagerechten Begrenzungslinie aufgetragenen Randmaßstab für $\Delta I/\Delta x$ Gebrauch gemacht wird, für welchen der gleiche Pol O_2 gilt. Deshalb schneidet die Gerade O_2A die Skala des erwähnten, vergrößerten Randmaßstabes im Punkte B der Abb. 10. Am Ende einer unendlich langen Strecke der Berührung zwischen Gas und Gut haben beide die gleiche Temperatur. Der Zustand des ersteren ist daher gleich demjenigen der feuchten Luft unmittelbar an der Gutsoberfläche und ist für $t = 40°$ C und der Sättigungslinie gegeben. Zieht man durch ihn nach oben eine Parallele zur Verbindungslinie O_2A, so erhält man eine gerade Linie, welche mit der *Linie gleicher Kühlgrenze* (τ-Linie) für die *Kühlgrenztemperatur* $t = \tau = 40°$ C bezeichnet wird. Auf die gleiche Weise wurden τ-Linien für andere Kühlgrenztemperaturen in das I, x-Diagramm 1 eingetragen. Es ist nachgewiesen, daß diese Linien gleicher Kühlgrenze mit genügender Genauigkeit als Gerade angesehen werden können, auf welcher sich der Zustandspunkt feuchter Luft im I, x-Diagramm verschiebt, welche über *nichthygroskopisches* Gut streichen, das Beharrungstemperatur aufweist. Genau genommen ist diese Linie der Zustandsänderung nach unten schwach gekrümmt, weil nämlich die Beharrungstemperatur des Gutes auch beim Phasenpaar Luft-Wasser sich wenig ändert. Die Abweichung beträgt etwa Zeichenstrichstärke. Die Zustandsänderung der Luft längs einer τ-Linie verläuft unter Verwendung des neuen I, x-Diagrammes derart, daß mit abnehmender Lufttemperatur auch der Wärmeinhalt sinkt.

Bei der Aufstellung einer Ausgangswärmebilanz zur Ermittlung des Wärmeverbrauches ist zu folgern, daß, bei Bezugnahme des Wärmeinhaltes auf Dampf von $0°$ C, der Wärmeinhalt der die Austauschvorrichtung verlassenden Luft durch die Verdampfungswärme zu ergänzen ist, welche dem verdunsteten Wasser bei $0°$ C zuzuführen ist. Werden der stündliche Gesamtwärmeverbrauch mit Q (kcal/h), die stündliche Frischgutmenge mit G_1 (kg/h), die Menge der getrockneten Ware mit G_2 (kg/h), deren spezifische Wärmen mit c_1 und c_2 (kcal/kg, °C), die Temperaturen des in den Trockner eintretenden und diesen verlassenden Gutes mit t_1 und t_2 (°C), die stündliche Trockenluftmenge mit L (kg/h), deren Wärmeinhalte und Dampfgehalte vor und nach dem Trockenvorgang mit I_1 und I_2 (kcal/kg), sowie x_1 und x_2 (kg/kg) und schließlich die Wärmeverluste mit Q_v (kcal/h) bezeichnet, so gilt

$$Q + L \cdot I_1 + G_1 \cdot c_1 \cdot t_1 = L \cdot I_2 + G_2 \cdot c_2 \cdot t_2 + L(x_2 - x_1) r_0 + Q_v. \quad (32)$$

Die stündlich verdampfte Wassermenge W (kg/h) ist gegeben durch

$$W = G_1 - G_2$$

und der je kg verdunsteten Wassers aufzuwendende Wärmeverbrauch

$$Q/W = q,$$

sowie die je kg verdunsteten Wassers notwendige Menge an Trockenluft l

$$l = \frac{L}{W} = \frac{L}{L \cdot (x_2 - x_1)} = \frac{1}{x_2 - x_1}. \quad (33)$$

Setzt man noch

$$G_1 \cdot c_1 = G_2 \cdot c_2 + W \cdot l \quad (l = \text{die spez. Wärme des Wassers}) \quad (34)$$

so erhält man aus der Zusammenfassung der Gl. (31) bis (33) die wichtige Beziehung

$$q + q_0 - r_0 = \frac{I_2 - I_1}{x_2 - x_1}, \quad (35)$$

in welcher $r_0 = 597$ kcal/kg und

$$q_0 = t_1 - \left(\frac{G_1}{W} - 1\right) \cdot c_2 (t_2 - t_1) - \frac{Q_v}{W} \quad (36)$$

zu setzen ist.

Die Zahlenwerte dieser Summe sind durch den Zustand der Frisch- und Abluft eines Trockners auf Grund der Gl. (35) gegeben. Sie sind im I, x-Diagramm 1 rechts und oben als Randmaßstab aufgetragen, beginnend beim Wert $\Delta I/\Delta x = 0$ bis zum Wert ∞. Man erkennt, daß die im I, x-Diagramm angegebenen Zahlenwerte des Randmaßstabes sich von demjenigen der Mollier'schen i, x-Tafel um den Wert $r = 597$ unterscheiden. Wie im letzteren wird auch im ersteren der Wärmeverbrauch eines Trockners in der Weise bestimmt, daß der Zustandspunkt der Frischluft im Diagramm mit demjenigen der Abluft durch eine Gerade verbunden wird, daß zu dieser Geraden eine parallele Gerade durch den Pol O_1 des Diagrammes gelegt und diese Gerade mit der Randmaßstab-Skala zum Schnitt gebracht wird. Der an ihr abzulesende Zahlenwert stellt den Betrag der Summe $q + q_0 - 597$ dar. Weil q_0 berechenbar ist, ist der spez. Wärmeverbrauch q somit bekannt. Der Zahlenwert von q_0 ist gegenüber q meist sehr klein. Bei diesem Verfahren der Bestimmung des Wärmeverbrauches ist es gleichgültig, ob die Wärme der Luft vor ihrem Eintritt in den Trockner zugeführt wird, ob irgendwelche Wärmeaustauscher in letzterem untergebracht sind, oder ob die Wärme an das Trockengut übertragen wird.

Zahlenverhältnis zwischen Wärmeübergangs- und Verdunstungszahl

Das Zahlenverhältnis der Wärmeübergangszahl α (kcal/m² h, °C) zwischen Gas und Gut sowie der Verdunstungszahl σ (kg/m², h) legt die gesuchten Zusammenhänge fest. Der Klarheit halber sei darauf hingewiesen, das *die Verdunstungszahl auf die Einheit des Unterschiedes der Dampfgehalte an der Gutsoberfläche und im Gaskern* bezogen ist, was auch für die anschließend noch zu verwendete Diffusionszahl β (m²/h) zutreffend sein muß.

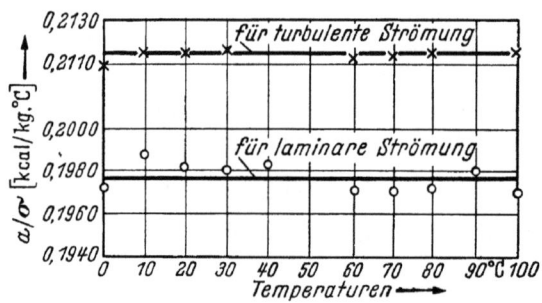

Abb. 11. Zahlenverhältnis α/σ in Abhängigkeit von der Temperatur für laminare und turbulente Strömung bei $h = 760$ torr

Die Bedeutung des Verhältnisses α/σ muß sein Zahlenwert zuerst ermittelt werden. Aus einer grundsätzlichen Betrachtung über den gekoppelten Wärme- und Stoffaustausch beim Verdunstungsvorgang wurde für *laminare Strömung* abgeleitet und durch Versuche als richtig befunden, die Beziehungen

$$\frac{\alpha}{\sigma} = \frac{\lambda}{\beta} \qquad (37)$$

wobei λ (kcal/m, h, °C) die Wärmeleitzahl des Gases bedeutet, in das die Verdunstung erfolgt. Unter Verwendung der neuesten Zahlenwerte für λ und β ergibt sich in der unteren Kurve von Abb. 11 wiedergegebene Abhängigkeit für α/σ von der Temperatur. Danach kann für den hier in Betracht kommenden Temperaturbereich und für laminare Strömung gesetzt werden

$$\frac{\alpha}{\sigma} = 0{,}1976\,. \qquad (37a)$$

Dividiert man die linke Seite von Gl. (37) durch die spez. Wärme

$$c_{Lp} \text{ (kcal/kg, °C)}$$

der Luft, in die hinein beim Trockenvorgang der Wasserdampf wandert, dann erhält man den *Lewis'schen Koeffizienten* $\mathfrak{k} = \alpha/\sigma \cdot c_{Lp}$.

Für eine Temperatur von 40° C sowie *laminare* Strömung errechnet sich mit den aus dem Schrifttum bekannten c_{Lp}-Werten ein Lewis'scher Koeffizient von $\mathfrak{k} = 0{,}82$.

Für die praktischen Bereiche ist die *turbulente Strömung* vorherrschend. Bei ihr gilt unter Verwendung der ursprünglich von NUSSELT aufgestellten dimensionslosen Gleichung, deren Gültigkeit durch Versuche erwiesen ist, die Beziehung

$$\frac{\alpha}{\sigma} = c_p^{1/3} \cdot \left(\frac{\lambda}{\beta}\right)^{2/3}. \tag{38}$$

In der oberen Kurve von Abb. 11 ist α/σ für turbulente Strömung aufgetragen. Es ergibt sich für den in Frage kommenden Temperaturbereich bei turbulenter Strömung

$$\frac{\alpha}{\sigma} = 0{,}2115 \tag{38a}$$

gesetzt werden kann. Der Vergleich von Gl. (38) und (38a) lehrt, daß der *Lewis'sche Keffizient bei turbulenter Strömung größer ist als bei laminarer Strömung*. Systematisch durchgeführte Versuche lieferten Werte zwischen 0,87 und 0,94.

Beziehung zwischen dem Verhältnis der Austauschzahlen und den Zustandsgrößen von Luft und Gut

Strömt Luft mit der Temperatur t (°C) und dem Dampfgehalt x gemäß Zustandspunkt A in Abb. 12 („Luftpunkt") über *nichthygroskopisches* Gut, so nimmt die Luft unmittelbar an der Gutsoberfläche *im Beharrungszustand* eine Temperatur $\mathfrak{t}$ und einen Dampfgehalt x_K an. Diese beiden Größen ergeben den *(„Gutspunkt") K*, welcher auf der Sättigungslinie ($\varphi = 1$) liegt. Die erwähnte zum Luftpunkt A gehörige Gutstemperatur $\mathfrak{t}$ sei *ab hier mit Beharrungstemperatur* bezeichnet. Würde die Luft auf einer unendlichlangen Strecke über das nichthygroskopische Gut hinwegströmen, so würde sich der Zustand der Luft auf der durch Punkt A verlaufenden Linie gleicher Kühlgrenze (τ-Linie) verschieben, und am Ende dieser Strecke würde gemäß Punkt B die Luft im Gaskern und an der Gutsoberfläche den gleichen Dampfgehalt x_τ und die gleiche Temperatur τ annehmen. Die vom Gas an die Gutsoberfläche übergehende Wärmemenge dient dazu, das Wasser im Gut zu verdampfen, welches als Dampf in das Gas wandert:

$$\alpha \cdot (t - \mathfrak{t}) = \sigma \cdot (x_K - x) \cdot r. \tag{39}$$

Dabei bedeutet r (kcal/kg) bei Verdampfungswärme des Wassers bei $\mathfrak{t}$ (°C). Die Erwärmung des gebildeten Dampfes von $\mathfrak{t}$ auf t (°C) geht durch molekularen Austausch vor sich, indem die Dampfmolekeln von der Gutsoberfläche mit der Temperatur t ausgehen, in das Gas hineinwandern und dort mit Gasmolekeln zusammentreffen, was den erwähnten molekularen Wärmeübergang zur Folge hat. Er ist in der Wärmeübergangszahl α und in allen der Gleichungen, in denen α auftritt, nicht enthalten in der Wärmebilanzgleichung. Aus Gl. (39) ergibt sich die zweite Beziehung zwischen den Austauschzahlen:

$$\frac{\alpha}{\sigma} = \frac{x_K - x}{t - \mathfrak{t}} \cdot r. \qquad (40)$$

Der Zahlenwert α/σ der linken Seite dieser Gleichung ist auf Grund der Ableitungen im vorhergehenden Abschnitt durch die physikalischen Werte des Dampf-Gasgemisches gegeben, während durch die Größen auf der rechten Seite der Gleichung der Zustand der Luft im Gaskern und an der Gutsoberfläche festgelegt ist. Im I, x-Diagramm ist nämlich $x\,t$ der „Luftpunkt" und durch $x_K, \mathfrak{t}$ und r der „Gutspunkt" bestimmt. Nimmt man also eine Gutstemperatur $\mathfrak{t}$ an, womit x_K und r gegeben sind, dann ist zu jeder Lufttemperatur t der Dampfgehalt zu berechnen nach der Gleichung:

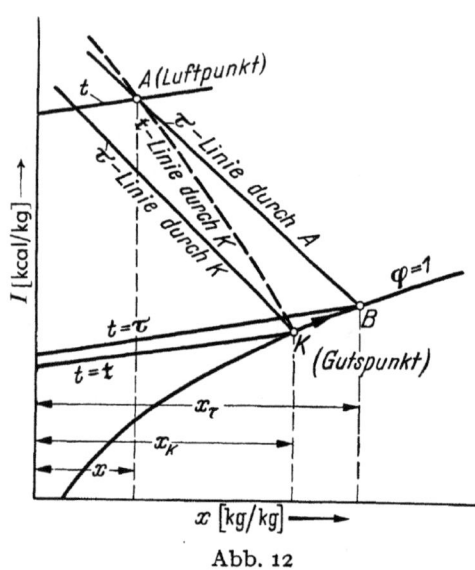

Abb. 12

$$x = x_K - \frac{\alpha}{\sigma} \cdot \frac{t - \mathfrak{t}}{r}. \qquad (41)$$

Es sei $\mathfrak{t} = 40°$ C. Zu dieser Temperatur wird aus der Dampftafel ein Sattdampfdruck von $h_{WS} = 55{,}4$ Torr, und eine Verdampfungswärme von $r = 574{,}7$ kcal/kg abgelesen. Dampfgehalt der Luft an der Oberfläche *nichthygroskopischen* Gutes wird damit berechnet zu

$$x_K = 0{,}622 \cdot \frac{55{,}4}{760 - 55{,}4} = 0{,}04895,$$

womit der Punkt K auf der Sättigungslinie in Abb. 12 festgelegt ist.

Luft, welche mit einer gewählten Temperatur von 150° C *turbulent* ($\alpha/\sigma = 0{,}115$) über das Gut strömt, muß einen Dampfgehalt von

$$x = 0{,}04895 - 0{,}2115 \cdot \frac{100 - 40}{574{,}7} = 0{,}04895 - 0{,}02212 = 0{,}02683$$

aufweisen, damit der nasse Stoff die Gleichgewichtstemperatur beibehält. Durch t und x ist der „Luftpunkt" A in Abb. 12 festgelegt. Für ein anderes t ergibt sich bei gleichem $\mathfrak{t} = 40°$ C ein anderes x und damit ein anderer Luftpunkt. Verbindet man die Luftzustandspunkte, welche der gleichen Gleichgewichtstemperatur $\mathfrak{t}$ entsprechen, so erhält man eine Linie, welche in Abb. 12 gestrichelt gezeichnet ist. (A—K). Sie werden mit *Linie gleicher*

Beharrungstemperatur bezeichnet und stellt den geometrischen Ort aller Luftzustandspunkte dar, welche einer gleichen Guts-Gleichgewichtstemperatur t entsprechen. Für jede angenommene Gleichgewichtstemperatur t kann auf die gezeigte Art eine ihr zugeordnete *Linie gleicher Beharrungstemperatur* bezeichnet und stellt den geometrischen Ort aller Luftzustandspunkte dar, welche einer gleichen Guts-Gleichgewichtstemperatur t entsprechen. Für jede angenommene Gleichgewichtstemperatur t kann auf die gezeigte Art eine ihr zugeordnete Linie gleicher Beharrungstemperatur ermittelt werden. Im I, x-Diagramm 1 sind derartige „t-Linien" für diejenigen Gleichgewichtstemperaturen eingetragen, für welche auch die τ-Linien eingezeichnet sind. Strömt z. B. in einen Trockner die Luft mit $t = 150°$ C und $x = 0,0084$ (was praktischen Fällen entspricht), so gehört gemäß I, x-Diagramm 1 zu diesem Luftzustand eine Gleichgewichtstemperatur von $t = 40°$ C. Durch den Zustandspunkt der Luft verläuft aber eine τ-Linie für eine Kühlgrenztemperatur von $\tau = 42,1°$ C. Verschiebt sich der Luftpunkt auf dieser Linie nach unten, so wandert der Gutspunkt auf der Sättigungslinie nach rechts. Aus der schematisch, nicht maßstäblich wiedergegebenen Abb. 12. geht der Zusammenhang deutlicher hervor. Die gestrichelt gezeichnete t-Linie geht durch den Luftpunkt A und den Gutspunkt K. Am Ende einer unendlichlangen Berührungsstrecke fallen Luftpunkt A und Gutspunkt im Punkte B zusammen. Man kann sich eine gestrichelten Verhältnisse einfach verwirklicht denken durch eine nasse nichthygroskopische Wand, über welche Luft streicht. An einer bestimmten Stelle herrscht im Gaskern der Zustand des Punktes A (siehe Abb. 12) und an der Gutsoberfläche der Zustand des Punktes K. In der Strömungsrichtung des Gases ändert sich sein Zustand derart, daß der Luftpunkt sich auf der durch Punkt A verlaufenden τ-Linie verschiebt und der Gutspunkt auf der Sättigungslinie. Am Ende eines unendlich lang gedachten Strömungsweges hat das Gas im Kern denselben Zustand wie an der Oberfläche des Gutes, den Punkt B angibt. Für einen zwischen A und B liegenden Luftzustand ist der Gutspunkt dadurch gegeben, daß er auf der Sättigungslinie ($\varphi = 1$) und auf der t-Linie liegen muß, welche durch den zugeordneten Luftpunkt verläuft.

Für *laminare* Strömung gilt $\alpha/\sigma = 0,197$. Für dieses Zahlenverhältnis können die t-Linien in gleicher Weise mit der Gl. (41) ermittelt werden wie für die turbulente Strömung. Sie sind durch strichpunktierte Linien wiedergegeben. Praktisch sind jedoch die t-Linien für turbulente Strömung wichtiger.

Mit der im I, x-Diagramm eingezeichneten t-Linien läßt sich das von Herrn Prof. Dr. E. KIRSCHBAUM für *turbulente* Strömung entworfene Diagramm Abb. *13* mit dem Zusammenhang zwischen Lufttemperatur und Beharrungstemperatur darstellen.

Als weitere Quelle für diese Vorgänge möchte ich noch das Buch „*Grundlagen des Wärmeaustausches*" (Stoffwerte) des Herrn BERTHOLD KOCH, Technischer Physiker, in Frankfurt-Höchst, erschienen 1950 bei der Verlagsanstalt H. Beucke & Söhne in Dissen (Teutoburgerwald) erwähnen, da es viele Zahlentafeln und Diagramme enthält und außerdem noch in einem Geleitwort von Herrn Prof. Dr.-Ing. EMIL KIRSCHBAUM, Technische Hochschule, Karlsruhe rückhaltlos empfohlen wird.

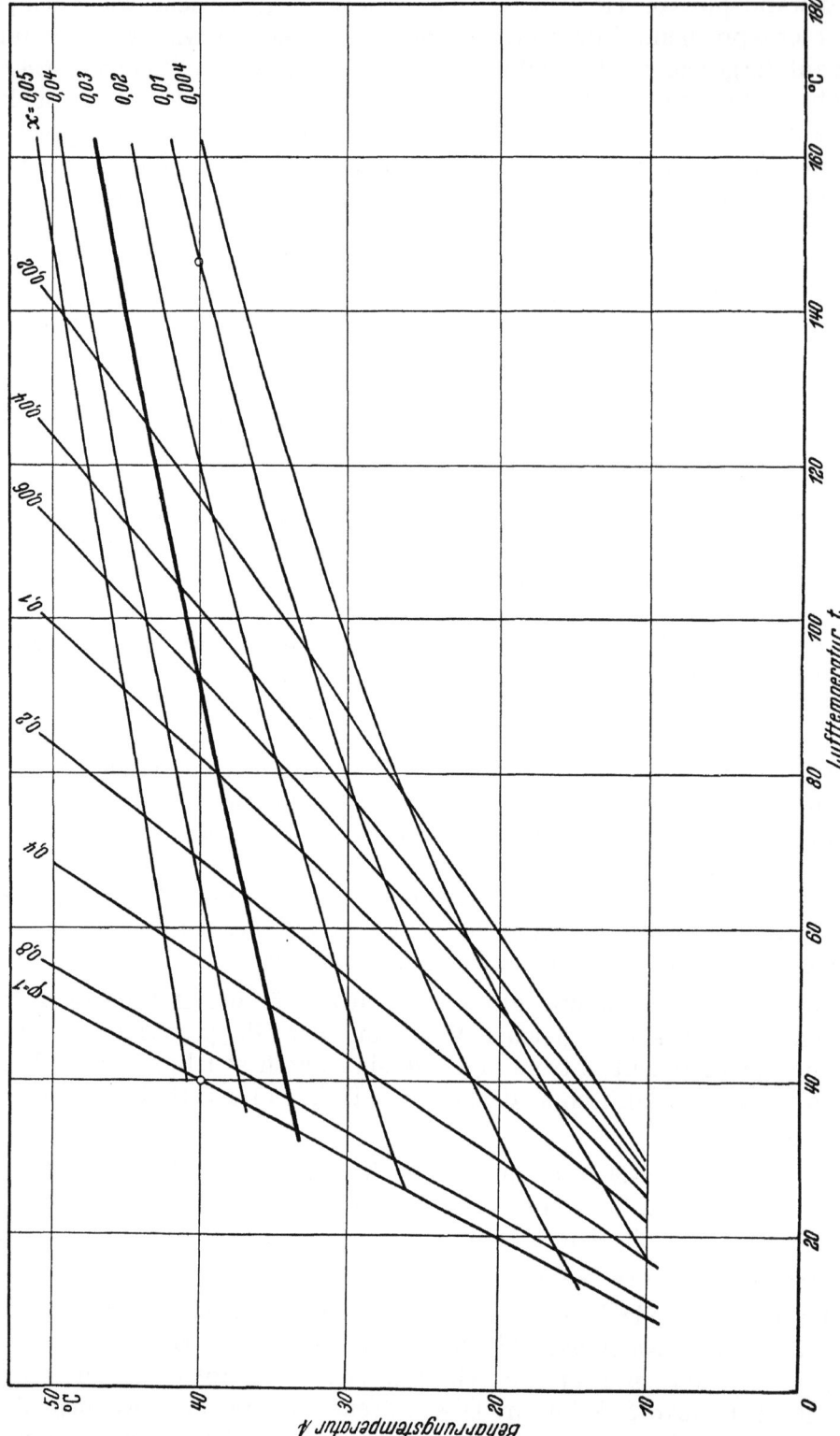

Abb. 13. Zusammenhang zwischen Luft- und Beharrungstemperatur

7. Luftdurchströmter Kanal, enthaltend eine Wassermenge

Um die Austauschvorgänge zwischen Luft und Wasser zu untersuchen, denken wir uns einen Kanal, durch den Luft ströme; als derartige Kanäle können auch industrielle Betriebsräume aufgefaßt werden, da auch sie von Luft durchströmt werden, indem ihnen frische Luft zugeführt und verbrauchte entzogen wird.

Im Kanal befinde sich ein offener Wasserbehälter (Abb. 14), dessen Wandlungen wie auch die des Kanales wärmeundurchlässig seien. Sofern die eintretende Luft nicht gesättigt ist und Beharrungszustand herrscht, findet Wasserverdunstung bei unveränderlicher Wassertemperatur statt.

Bezeichnet man mit

I_1, x_1, t_1 die Zustandsgrößen der Frischluft,

I_2, x_2, t_2 die Zustandsgrößen der Abluft,

L kg die in der Zeiteinheit durch den Kanal strömende, trockene Luftmenge

W kg die in der Zeiteinheit verdunstete Wassermenge,

t_w °C die Wassertemperatur im Beharrungszustande,

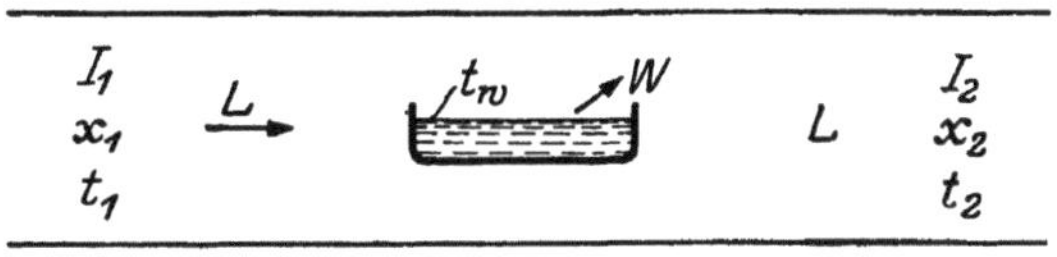

Abb. 14. Luftdurchströmter Kanal, enthaltend eine Wassermenge

so lauten die Wärme- und Wasserbilanz, bezogen auf 1 kg trockene Luft ($L = 1$),

$$I_1 + \frac{W}{L} t_W = I_2 + \frac{W}{L} \cdot r_0 \quad \text{(Wärme)} \tag{42}$$

und

$$x_1 + \frac{W}{L} = x_2 \quad \text{(Wasser)}, \tag{43}$$

woraus folgt

$$\frac{I_2 - I_1}{x_2 - x_1} = t_W - r_0, \tag{44}$$

ein Ergebnis, welches wir im 5. Abschnitt über Zumischen von Wasser und Luft bereits erhielten (26), $i_D = t_W$. Die Zustandsänderung der Luft erfolgt im I, x-Diagramm auf dem Richtungsstrahle $I/x = t_W - 597$ durch den Anfangszustand I_1, x_1, und da t_W nur Werte in den Grenzen 0° bis 100° C annehmen kann, tritt Abkühlung der Luft ein. Hier, ist t_W eine Funktion der Luftgeschwindigkeit über dem Wasserspiegel, unveränderlichen Anfangszustand I_1, x_1 vorausgesetzt; mit wachsender Luftgeschwindigkeit nimmt t_W ab und weicht schließlich die Beharrungstemperatur.

Im allgemeinen wird die durch den Kanal streichende Luft nicht in ihrer Gesamtheit mit der Wasseroberfläche in Berührung kommen; der Teil, der dies tut, nimmt Wasserdampf auf und kühlt sich ab; aus diesem Teil tritt der aufgenommene Wasserdampf durch Diffusion und durch Mischung auch in den anderen Teil der Luft über; der Endzustand I_2, x_2 ist das Ergebnis dieses Vorganges, der sich auf dem Richtungsstrahle $I/x = t_W - 597$ abspielt.

Ist ein großer Wert W/L erwünscht, so ist die der Luft dargebotene Wasseroberfläche möglichst groß zu machen und für große Luftwechsel an der Wasseroberfläche zu sorgen; dies kann hier dadurch erreicht werden, daß das Wasser der Luft in mehreren übereinander angeordneten, flachen Behältern dargeboten wird, zwischen denen die Luft durchstreicht.

Soll die Wasserverdunstung dagegen klein sein, so sind kleine Wasseroberfläche und kleine Luftgeschwindigkeit geboten.

Lassen wir die Voraussetzung, daß die Wandungen des im Kanal befindlichen Wasserbehälters wärmeundurchlässig seien, fallen, so tritt Wärmezufuhr aus der an den Wandungen vorbeistreichenden Luft zum Wasser ein; t_W und damit die Dampfdruckdifferenz zwischen Wasser und Luft, sowie die Verdunstung W/O werden etwas größer als beim wärmedichten Wasserbehälter, gleiche Luftgeschwindigkeit und gleicher Luftzustand I_1, x_1 vorausgesetzt. Die Gl. (31) und (32) gelten auch in diesem Falle.

Anders gestalten sich die Verhältnisse, wenn man den Wasser im Behälter von außen, z. B. durch einen darin eingebauten Heizkörper, eine Wärmemenge Q kcal/h zuführt (Abb. 15). Die Wärmebilanz lautet jetzt für den Beharrungszustand

$$I_1 + \frac{Q}{L} + \frac{W}{L} t_W = I_2 + \frac{W}{L} r_0 \tag{45}$$

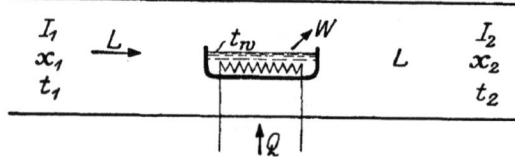

Abb. 15. Luftdurchströmter Kanal, enthaltend eine Wassermenge, der von außen Wärme zugeführt wird

und die Wasserbilanz wieder

$$x_1 + \frac{W}{L} = x_2,$$

woraus folgt:

$$\frac{I_2 - I_1}{x_2 - x_1} = \frac{Q}{W} + t_W - r_0. \tag{46}$$

Die Beharrungswassertemperatur ist bei unveränderter Luftgeschwindigkeit höher als im Falle $Q = 0$; sie nimmt mit Q zu, damit auch die Dampfspannungsdifferenz zwischen Frischluft und Wasser und die Verdampfung W/O. Für die Wassertemperatur ist also hier nicht nur der Zustand I_1, x_1 und die Luftgeschwindigkeit maßgebend, sondern auch Q. Wird der Siedepunkt des Wassers erreicht, so steigt die Wassertemperatur mit Q nicht mehr; der Teildruck der Luft an der Wasseroberfläche ist zu Null geworden und es liegt kein Verdunstungsvorgang mehr vor. Das für die Verdunstung maßgebende Erfahrungsgesetz, daß die verdunstete Wassermenge W/O proportional sei der Dampfspannungsdifferenz zwischen Frischluft und Wasser und ferner proportional der Quadratwurzel aus der Luftgeschwindigkeit über der Wasseroberfläche, gilt nicht mehr, wenn Q nun weiter vergrößert wird.

Bei Beharrungszuständen mit kleinen Werten Q wird $t_W < t_1$ sein; außer Q wird auch die durch Wärmeübergang von der Luft durch Wandungen und Wasseroberfläche eintretende Wärme zur Wasserverdampfung verwendet. Mit Q steigt auch die Wassertemperatur; der Wärmebeitrag aus der Luft nimmt ab; schließlich wird er zu Null, wobei dann Q den Wärmeverbrauch für die Verdampfung allein bestreitet. Bei weiterer Vergrößerung von Q steigt die Wassertemperatur weiter und die Luft nimmt Q teilweise durch Wärmeübergang, teilweise im erzeugten Wasserdampf auf.

Für manche Zwecke ist es wertvoll, den Richtungssinn der Änderung des spezifischen Volumens bzw. Gewichtes der Luft bei der Wasserdampfaufnahme zu kennen, also zu wissen, ob mit der Wasserdampfaufnahme eine

Zu- oder eine Abnahme von v bzw. γ verbunden ist; hierüber kann folgendes ausgesagt werden:

Im Falle $Q = 0$ kann $I/x + r_0$ nach Gl. (44) Werte annehmen in den Grenzen 0° und 100° C; mit derartigen Zustandsänderungen ist stets eine Zunahme des spezifischen Gewichtes verbunden,

$$\gamma_2 > \gamma_1 \quad \text{und} \quad v_2 < v_1.$$

Im Falle $Q > 0$:

Ist $t_D = t_1$, so wird Q gänzlich zur Verdampfung aufgewendet und Gl. (45) kann auch geschrieben werden als

$$I_2 - I_1 = \frac{Wr}{L} + \frac{W}{L} t_D + \frac{W}{L} r_0 = \frac{W}{L}(r + t_D) + \frac{W}{L} r_0,$$

wenn r die Verdampfungswärme von 1 kg Wasser von der Temperatur t_D bedeutet. Mit Gl. (43) ergibt sich:

$$\frac{I_2 - I_1}{x_2 - x_1} = r + t_D - r_0 = i_D - r_0;$$

da $i_D = 597$ für 0° und 640 kcal/kg für 100° C beträgt, ist stets

$$\text{für} \quad t_D = t_1, \quad \gamma_2 < \gamma_1;$$

das ist auch der Fall für $t_D > t_1$.

Befindet sich die Luft über der Wasseroberfläche in Ruhe (d. h. streicht sie nicht darüber hin), so entsteht, wenn $Q = 0$, eine Abwärtsbewegung der Luft nach der Wasseraufnahme, sofern die Anlage dies erlaubt (beim feuchten Thermometer ist dies möglich, bei horizontalem Wasserspiegel dagegen nicht). Wenn $Q > 0$, tritt so für $t_D \lessgtr t_1$ eine Aufwärtsbewegung der Luft nach der Wasserdampfaufnahme ein; für $t_D < t_1$ stellt sich bei kleinen Werten Q/W eine Abwärtsbewegung, bei großen Werten eine Aufwärtsbewegung ein; für $I_2 - I_1 x_2 - x_1 \approx -30$ ändert sich das spezifische Gewicht nicht; wohl aber tritt eine Vergrößerung des absoluten Volumens ein, denn, wie bereits bekannt, hat eine Zustandsänderung in der Richtung

$$I/x > \text{rd.} - 100 \text{ eine Volumenzunahme,}$$
$$I/x < \text{rd.} - 100 \text{ eine Volumenabnahme}$$

der Gewichtsmenge $1 + x$ zur Folge.

8. Luft- und wasserdurchströmter Kanal

Es sollen jetzt die Vorgänge in einem wärmedichten Kanal, durch den Luft und Wasser strömen, untersucht werden; es bezeichne (Abb. 16)

W kg/h die stündlich durchfließende Wassermenge,
L kg/h die stündlich durchströmende, trockene Luftmenge,
I_1, x_1 den Zustand der eintretenden Luft,
I_2, x_2 den Zustand der austretenden Luft,
t_e °C die Eintrittstemperatur des Wassers,
t_a °C die Austrittstemperatur des Wassers,
W_0 kg/h die von der Luft im Kanal aufgenommene oder abgegebene Wassermenge;

für $x_1 < x_2$ wird $W_0 > 0$, Wasseraufnahme, für $x_2 < x_1$ wird $W_0 < 0$, Wasserabgabe.

Die Wärmebilanz für den Vorgang lautet

$$LI_1 + Wt_e = LI_2 + (W-W_0)\,t_a + W_0\,r_0$$

oder

$$L(I_2 - I_1) = W(t_e - t_a) + W_0(t_a - r_0), \tag{47}$$

und die Wasserbilanz

$$W + L\,x_1 = W - W_0 + L\,x_2$$

oder

$$W_0 = L(x_2 - x_1). \tag{48}$$

Gl. (47) dividiert durch Gl. (48) ergibt

$$\frac{I_2 - I_1}{x_2 - x_1} = \frac{W(t_e - t_a) + W_0(t_a - r_0)}{W_0}$$

oder

$$\frac{I_2 - I_1}{x_2 - x_1} = \frac{W}{W_0}(t_e - t_a) + t_a - r_0. \tag{49}$$

Der Wärmeaustausch zwischen Luft und Wasser $L(I_2-I_1)$ erfolgt teilweise durch Wasserverdampfung oder Niederschlag von Wasserdampf aus der Luft; bezeichnen wir die auf diese Weise zu übertragende Wärme mit q_d, den Rest der übertragenen Wärme mit q_t, so ist

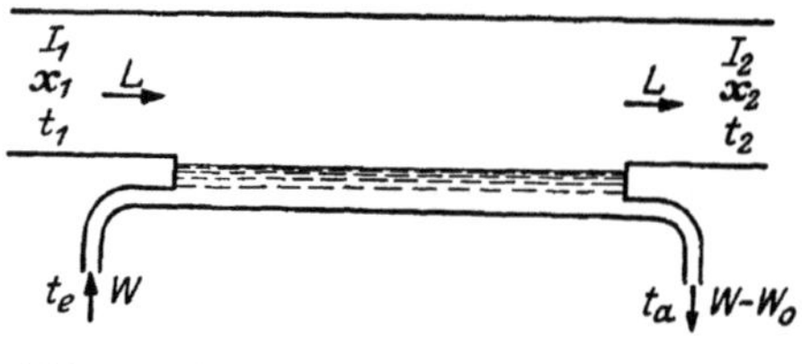

$$L(x_2 - x_1) \cdot r_0 + L(I_2 - L_1) = q_d + q_t$$

und Gl. (47) geht damit über in

$$q_d + q_t = W \cdot (t_e - t_a) + W_0 \cdot t_a. \tag{50}$$

Setzen wir

$$q_d = W_0 \cdot r, \tag{51}$$

Abb. 16. Luft- und wasserdurchströmter Kanal

wobei r die Verdampfungswärme bedeutet, so folgt

$$q_t = W(t_e - t_a) + W_0 \cdot t_a - W_0 \cdot r; \tag{51a}$$

Gl. (51a) dividiert durch Gl. (51) ergibt

$$\frac{q_t}{q_d} = \frac{W}{W_0}\frac{(t_e - t_a)}{r} + \frac{W}{W_0}\frac{t_a}{r} = \frac{1}{r}\left\{\frac{W}{W_0}(t_e - t_a) + t_a\right\} - 1. \tag{52}$$

9. Kontinuierliche Wasserrückkühlung durch Luft[1]

In kontinuierlichen Wasserrückkühlanlagen werden Kühlwässer von Kondensationsanlagen, Maschinen usw., nachdem sie Wärme aufgenommen haben, vermittels Luft zurückgekühlt, um erneut wieder verwendet zu werden. Das Wasser läuft in diesen Anlagen zwischen der Wärmeaufnahmestelle und der Rückkühlanlage im Kreislauf um und führt so ständig die darauf übertragene Wärme an die Luft ab. In der Rückkühlanlage verdampft ein kleiner Teil des Wassers und geht an die Luft über; diese Menge ist daher fortlaufend durch Frischwasser zu ersetzen (Zusatzwasser), falls die umlaufende Menge gleichbleiben soll.

---

[1] MOLLIER: s. Vorwort

Abb. 17 veranschaulicht schematisch eine Kaminkühlanlage, die im Prinzip eine Austauschvorrichtung nach Abb. 16 darstellt, bei der die Luftbewegung durch einen Kaminaufbau erzielt wird.

Die dem Kühler zufließende Wassermenge W kg/h von der Temperatur t_e °C werde im Rieseleinbau durch Berührung mit der dagegen strömenden Luft auf die Temperatur t_a °C gekühlt wobei eine Wassermenge W_0 kg/h verdampft und von der Luft fortgeführt werde; die Temperatur der Zusatzwassermenge W_0 sei t_0 °C, die auf die Wassermenge W übertragene Wärmemenge Q kcal/h, der Zustand der Frischluft I_1, x_1, t_1 und der der Abluft I_2, x_2, t_2. Die Wärmebilanz der Anlage lautet, wenn man mit L kg/h die trockene, durch den Kühler strömende Luftmenge bezeichnet:

$$L(I_2 - I_1) = Q + W_0(t_0 - r_0), \quad (53)$$

wobei

$$Q = W t_e - [W_0 t_0 + (W - W_0) t_a],$$

oder

$$Q = W(t_e - t_a) + W_0(t_a - t_0). \quad (54)$$

Gl. (54) in (53) verwendet, ergibt

$$L(I_2 - I_1) = W(t_e - t_a) + W_0(t_a - r_0). \quad (55)$$

Die Wasserbilanz ist

$$L(x_2 - x_1) = W_0; \quad (56)$$

Gl. (56) dividiert durch Gl. (55)

$$\frac{I_2 - I_1}{x_2 - x_1} = \frac{W}{W_0}(t_e - t_a) + t_a - r_0. \quad (57)$$

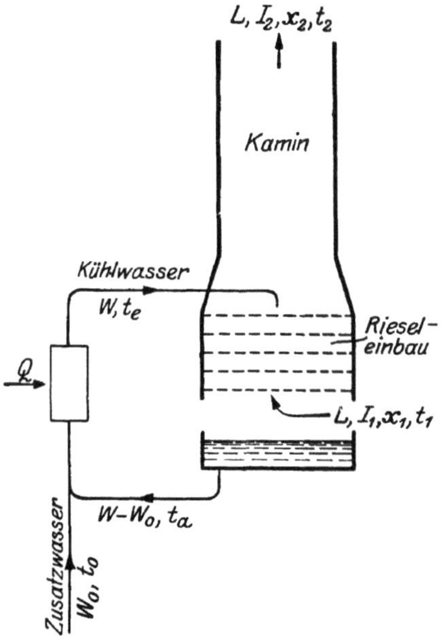

Diese Gleichung stimmt mit der früheren Gl. (48) überein, ferner (54) mit (47) und (56) mit (48) die dort gegebenen Erörterungen über die Wärmeübertragung durch q_t und q_d gelten auch hier.

Abb. 17. Kaminkühler

Aus Gl. (52) und (57) folgt noch

$$\frac{I_2 - I_1}{x_2 - x_1} = \frac{Q}{W_0} + t_0 - r_0,$$

oder

$$W_0 = \frac{Q}{\dfrac{I_2 - I_1}{x_2 - x_1} - t_0 + r_0}. \quad (58)$$

Gl. (57) gibt die Zusatzwassermenge aus der Richtung I/x der Zustandsänderung 1—2 der Kühlluft, der abzuführenden Wärme Q und der Temperatur des Zusatzwassers t_0.

10. Erwärmung und Abkühlung von Luft

Die Erwärmung oder Abkühlung der Luft kann an Heiz- bzw. Kühlkörpern erfolgen; die Zustandsänderung geht dann bei $x =$ konst. vor sich, im I, x-Diagramm auf einer zur x-Achse senkrechten Geraden. Wird die Abkühlung bis unter den Taupunkt der Luft getrieben so erfolgt die Zustandsänderung vom Taupunkt an längs dem absteigenden Ast der Sättigungskurve, womit dann eine Verminderung von x verbunden ist.

Die einer Gemischmenge $A = L\,(1+x_1)$ kg feuchter Luft zu entziehende oder zuzuführende Wärmemenge Q ist, wenn I_1, x_1 den Anfangs- und I_2, x_2 den Endzustand bezeichnet:
$$Q = L\,(I_2-I_1);$$
bei Abkühlung unter den Taupunkt beträgt die Niederschlagsmenge
$$W = L\,(x_1-x_2)\text{ kg}.$$

Temperaturänderung von Luft kann auch durch Zumischen von Zusatzluft bewirkt werden; wir wissen bereits, daß aus 2 Luftmengen
$$A_1 = L_1\,(1+x_1) \quad \text{und} \quad A_2 = L_2\,(1+x_2)$$
ein Mischzustand erhalten wird, der im I, x-Diagramm auf der Verbindungsgeraden der beiden Zustände I_1, x_1 und I_2, x_2 liegt; seine dortige Lage bestimmt sich aus
$$I_M = \frac{I_1 + n\,I_2}{1+n}, \quad \text{oder aus} \quad x_M = \frac{x_1 + n\,x_2}{1+n}, \quad \text{wenn} \quad n = \frac{L_2}{L_1};$$
ferner ist $A_M = A_1 + A_2$ und $L_M = L_1 + L_2$.

Ferner kann die Temperatur von Luft dadurch geändert werden, daß man ihr Wasser oder Wasserdampf beimischt; der Zustand der Luft ändert sich dabei im I, x-Diagramm in der Richtung $I/x = i_D$, wo i_D den Wärmeinhalt von 1 kg des beizumischenden Wassers oder Dampfes bedeutet; für Wasser ergibt sich dabei eine Abkühlung, für Dampf eine Erwärmung der Luft. Beträgt die ursprüngliche Luftmenge $A_1 = L\,(1+x_1)$ und die zugemischte Wasser- oder Dampfmenge W kg, so findet sich der Endzustand I_2, x_2 aus dem Anfangszustand I_1, x_1
$$I_2 = I_1 + \frac{W}{L}\,i_D \quad \text{und} \quad x_2 = x_1 + \frac{W}{L}.$$

Eine weitere Möglichkeit der Temperaturänderung von Luft bieten Austauschvorrichtungen, in denen fließendes Wasser mit strömender Luft in Berührung gebracht wird; hierfür gelten die an Hand von Abb. 16 aufgestellten Gleichungen. Die Luft wird in Riesel- oder Regeneinrichtungen mit dem Wasser innig vermischt und dadurch gleichzeitig gewaschen.

11. Befeuchtung von Luft

Unter Befeuchtung von Luft verstehen wir Vermehrung der auf 1 kg trockene Luft entfallenden Dampfmenge x; Vermehrung der relativen Feuchte durch Temperaturerniedrigung bei $x =$ konst. ist demnach keine Befeuchtung in unserem Sinne.

In industriellen Betriebsräumen, z. B. der Textilindustrie, ist oft eine bestimmte hohe Feuchte der Luft Bedingung, da die Fabrikationsverfahren nur in solcher Luft durchgeführt die gewünschten Ergebnisse zeitigen. Ist die Feuchte der in den Raum eintretenden Luft zu gering oder wird beim Fabrikationsprozeß Feuchte aus der Luft absorbiert, so kann der wünschbare Feuchtegehalt der Luft durch Zufuhr von Wasserdampf oder Wasser zur Luft hergestellt werden.

Beimischen von Wasser oder Wasserdampf mit dem Wärmeinhalt i_D für 1 kg ergibt eine Zustandsänderung der Luft, die in dem I, x-Diagramm vom Anfangszustande in der Richtung $I/x = i_D$ [1] verläuft; dies erlaubt mit dem I, x-Diagramm sofort die Maßnahmen zu erkennen, die nötig sind, um Luft vom Zustande I_1, x_1 in einen solchen I_2, x_2, wobei $x_2 > x_1$, überzuführen, Abb. 18. Man zieht vom Zustande 2 aus die Richtungsgerade $I/x = i_D$ und ferner die Gerade $x_1 =$ konst.; in ihrem Schnittpunkte finden wir den Zwischenstand I', x' und erkennen nun die Maßnahmen:

Wenn $I'_1 > I_1$ (wie in Abb. 18), so ist der Luftmenge $1 + x_1$ die Wärmemenge $I'_1 - I_1$ durch einen Heizkörper zuzuführen,

wenn $I'_1 < I_1$, so wären $I_1 - I'_1$ kcal durch Kühlkörper abzuführen,

und ferner in beiden Fällen $x_2 - x_1$ kg Wasser bzw. Wasserdampf zuzumischen.

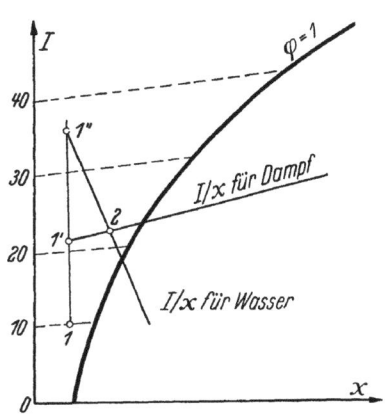

Abb. 18. Befeuchtung durch Wärme und Wasser- oder Dampfzufuhr

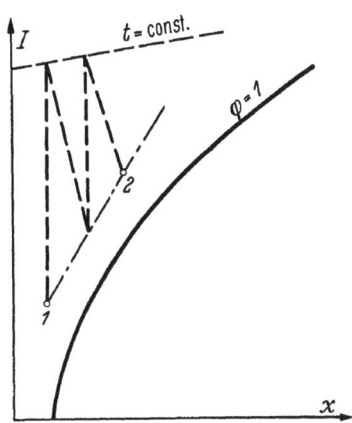

Abb. 19. Befeuchtung mit abwechslungsweiser --- oder gleichzeitiger ·-·-· Wasserzufuhr

Die Wärme- und Wasserzufuhr brauchen nicht je auf einmal zu erfolgen; sie können in Teilen, abwechslungsweise, wie in Abb. 19 gestrichelt angedeutet, oder auch gleichzeitig (Abb. 19 strichpunktiert) geschehen.

Soll also die einem Betriebsraume zuzuführenden Luftmenge

$$A = L(1 + x_1) \text{ kg/h}$$

vom Zustande I_1, x_1 in den Zustand I_2, x_2, wobei $x_2 > x_1$, übergeführt werden, so ist die nötige- bzw. Dampfmenge

$$W = L(x_2 - x_1) \text{ kg/h};$$

die nötige Wärmemenge Q kcal/h folgt aus der Gleichung

$$L I_1 + Q + W i_D = L I_2 + W r_0$$

zu

$$Q = L(I_2 - I_1) - W(i_D - r_0);$$

dabei bedeutet $Q > 0$ Wärmezufuhr, $Q < 0$ Wärmeentziehung.

Wenn Luft in einem Raume unter Beibehaltung der Temperatur durch Zumischen von Wasser befeuchtet werden soll, so ist außer dem Wasser

---

[1] $= i_D$ bzw. $t - r_0$ für Wasser

auch Wärme zuzuführen, denn Wasserzufuhr allein ergibt eine Zustandsänderung mit $I/x = t_W - r_0$, wo t_W die Wassertemperatur in °C bezeichnet; mit dieser Zustandsänderung ist aber eine Abkühlung der Luft verbunden. Wird der Luft dagegen Wasserdampf z. B. aus einer Dampfheizung zugesetzt, so ist $I/x = i_D$ und es tritt eine geringe Erwärmung der Luft ein, ohne. daß weitere Wärme zugeleitet wird. Mit dem Beimischen von Wasserdampf soll jedoch das Auftreten eines unangenehmen Geruches verbunden sein, vermutlich herrührend von den zur Wasserenthärtung verwendeten Mitteln.

12. Nebel, Entfeuchtung, Entnebelung

Nebelige Luft enthält kleine, schwebende Wassertröpfchen. Gesättigte Luft ist durchsichtig, enthält keine Nebeltröpfchen, da solche nur in *übersättigter Luft* bestehen können. Die Zustände übersättigter Luft liegen in

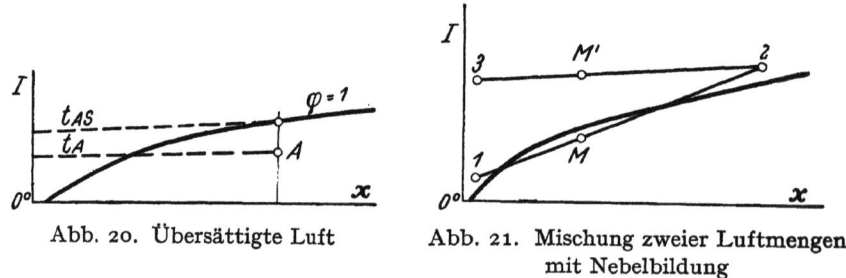

Abb. 20. Übersättigte Luft

Abb. 21. Mischung zweier Luftmengen mit Nebelbildung

dem I,x-Diagramm außerhalb der Sättigungskurve, z. B. A in Abb. 20 die relative Feuchte im Zustande A ist

$$\varphi_A = \frac{h_{DA}}{h_{DAS}} > 1 \,.$$

Der *Wasserdampf* in A ist *unterkühlt*, da seine Temperatur t_A niedriger ist als die zu h_{WA} gehörige Sattdampftemperatur t_{AS}. Hohe Übersättigung mit einem mehrfachen h_{DS} kommt vor bei der Expansion von Wasserdampf in Düsen; die in der Luft bei Nebel vorhandene Übersättigung dagegen ist sehr gering, so daß wir als Grenze für das Auftreten von Nebel den Sättigungszustand annehmen können.

Nebel ist der Anfang von Wasserniederschlag aus der Luft und tritt ein, wenn Luft über die Sättigungsgrenze hinaus gekühlt wird. Ferner kann Nebelbildung beim Mischen zweier Luftmengen eintreten, nämlich dann, wenn die Verbindungsgrade der beiden Luftzustände im I, x-Diagramm die Sättigungskurve schneidet und der Mischzustand außerhalb der Sättigungskurve zu liegen kommt, 1, 2, M in Abb. 21 Luft vom Zustande 2 könnte also nicht dadurch entfeuchtet werden, daß ihr kalte Luft beigemischt wird; es müßte ihr vielmehr warme Luft, etwa vom Zustande 3, beigemengt werden, wodurch ein Mischzustand M' von geringer Feuchte erzielt würde.

In Betriebsräumen, in welchen Wasser der Luft ausgesetzt ist oder Wasser in offenen Behältern siedet, geht durch Verdunstung, oder bei siedendem Wasser durch der Wärmezufuhr entsprechende Verdampfung, Wasser in Dampfform an die Luft über; es ist dann dafür zu sorgen, daß dieses Wasser

12. Nebel, Entfeuchtung, Entnebelung

fortlaufend aus dem Raume entfernt wird, ansonst Nebelbildung und Wasserniederschlag eintreten werden; der Raum muß entfeuchtet, entnebelt werden. In vielen Fällen genügt hierzu der an und für sich im Raume vorhandene Luftwechsel; ist dies nicht der Fall, so sind geeignete Maßnahmen zu treffen, welche die Abfuhr des Wassers sicherstellen. Abb. 22 veranschaulicht einen Raum, in dem offene Behälter enthalten seien, die Wasser oder wasserhaltige Substanz enthalten.

Es seien:

I_1, t_1, x_1 die Zustandsgrößen der eintretenden Luft,
γ_1 kg/m³ das spezifische Gewicht dieser Luft,
I_2, t_2, x_2, γ_2, die entsprechenden Werte der Abluft,
L kg/h die den Raum durchströmende trockene Luftmenge,
W kg/h die aus dem Wasser an die Luft übergehende Wassermenge,
t_W° C die Temperatur des Wassers,
Q_W kcal/h die dem Wasserbehälter zugeführte Wärmemenge,
Q kcal/h durch die Raumwandungen ein- oder austretende Wärmemenge.

Die Wärmebilanz lautet:

$$L I_1 + Q + Q_W + W t_W = L I_2 + W \cdot r_0$$

wobei $Q > 0$ Wärmezutritt, $Q < 0$ Wärmeaustritt bedeutet, oder

$$L (I_2 - I_1) = Q + Q_W + W (t_W - r_0); \quad (59)$$

die Wasserbilanz ist

$$L (x_2 - x_1) = W; \quad (60)$$

durch Division von Gl. (60) durch (61) entsteht

$$\frac{I_2 - I_1}{x_2 - x_1} = \frac{Q}{W} + \frac{Q_W}{W} + t_W - r_0. \quad (61)$$

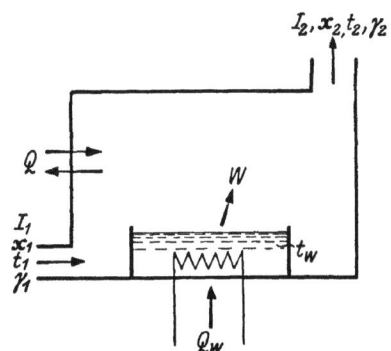

Abb. 22. Entnebelung eines Raumes

Meistens wird hier $t_2 > t_1$ werden und somit $\gamma_2 < \gamma_1$ sein; die Luft steigt daher im Raume auf und der Frischluftzutritt wäre nach unten, der Abluftaustritt nach oben zu verlegen, wie in Abb. 22 angedeutet.

Bei der Berechnung einer solchen Anlage wäre wie folgt vorzugehen: Die Wassertemperatur t_W ist durch den Betrieb vorgeschrieben, Q_W/W ist zu berechnen auf Grund von Erfahrungen, wobei W nach den Verdunstungsgesetzen zu ermitteln ist, wenn das Wasser in den Behältern nicht siedet, dagegen aus Q_W, wenn die Flüssigkeit siedet (Q_W = Verdampfungswärme/kg Wasser · W zuzüglich Wärmeabgabe durch Wärmeübergang); in beiden Fällen ist Q_W die den Wassergefäßen insgesamt zugeführte Wärme; Q ist zu errechnen auf Grund der Gesetze des Wärmedurchganges, wobei die Raumtemperatur gleich t_1 zu setzen ist; Q wird im Sommer und Winter verschiedene Werte annehmen, im Winter meistens negativ (Wärmeaustritt), im Sommer dagegen oft positiv (Wärmeeintritt) ausfallen. Mit diesen Werten kann $I_2 - I_1/x_2 - x_1$ nach Gl. (61) bestimmt werden, und zwar einmal für sommerliche, einmal für winterliche Außentemperatur. Nun trägt man den Zustand I_1, x_1 entsprechend sommerlicher feuchter Frischluft in das I, x-Diagramm ein und zieht von dort aus den Strahl $I/x = I_2 - I_1/x_2 - x_1$

(Abb. 23), wählt darauf den Endzustand 2 um sicherzugehen nicht mit voller Sättigung und erhält damit $x_2 - x_1$ und mit Gl. (61)

$$L = \frac{W}{x_2 - x_1}.$$

Die dem Raume stündliche zuzuführende Luftmenge ist dann:

$$A_h = L(1 + x_1) \text{ kg/h}.$$

Im Winter ist die Frischluft vor der Einführung in den Raum von der Außentemperatur t_0 durch Heizkörper auf die gewünschte Raumtemperatur t_1 zu erwärmen (Abb. 24); der Wert x_1 wird kleiner sein als im Sommer und daher W, wenn es sich um einen Verdunstungsvorgang handelt, größer werden als im Sommer; doch wird, um die Wassertemperatur t_W zu halten, auch Q_W in etwa gleichem Maße, wie W zunimmt, vergrößert werden müssen. Q dagegen wird jetzt einen negativen Wert annehmen, wenn die Außentemperatur niedriger ist als die Raumtemperatur und daher $I_2 - I_1/x_2 - x_1$ kleiner sein als im Sommer. Mit dem entsprechenden Richtungsstrahle I/x

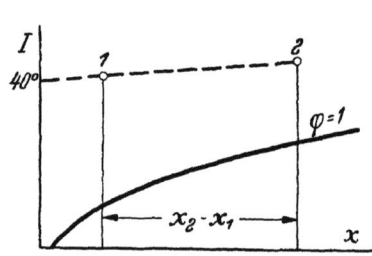
Abb. 23. Entnebelung bei sommerlicher Frischluft

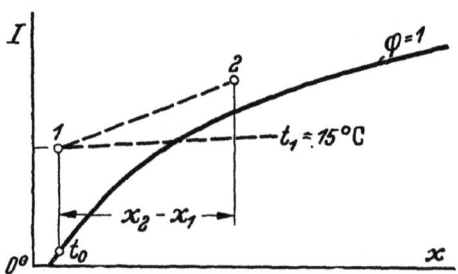
Abb. 24. Entnebelung bei winterlicher Frischluft

und dem angenommenen Werte x_2 werden dann $x_2 - x_1$, L und A_W, der winterliche Luftbedarf bestimmt. Im allgemeinen wird $A_W < A_h$ sein; der luftfördernde Ventilator oder Kamin ist dann für A_h zu bauen, der Heizkörper für die Frischluft regulierbar, um die Heizung dem Bedarfe anpassen zu können; um das Eindringen „falscher" Außenluft durch Türen, Undichtigkeiten in der Raumwandlung usw. zu verhindern, wird man Drucklüftung anwenden, den Ventilator also in die Luftzuleitung einsetzen, damit in dem zu entnebelnden Raume Überdruck herrscht.

Um von der Außentemperatur unabhängig zu werden, könnte das Umluftverfahren angewendet werden, indem die Abluft an Kühlkörpern oder an mit kaltem Wasser berieselter Rückkühleinrichtung entfeuchtet und gekühlt würde, um hernach unter Zusatz von etwas Frischluft wieder verwendet zu werden; wirtschaftlich dürfte durch dieses Verfahren kaum ein Vorteil erzielbar sein, da die Luftkühlanlage mit ihrem Wasserbedarf hinzutritt.

13. Kontinuierliche Trockner[1]

In kontinuierlichen Trocknern wird das Trockengut dem Trockenraum kontinuierlich zugeführt und tritt getrocknet gleichfalls kontinuierlich aus;

---
[1] MOLLIER, R.: Ein neues Diagramm für Dampf-Luft-Gemische, Z. VDI 1923 S. 869

die Trockenluft strömt gleichfalls kontinuierlich durch den Trockenraum. Abb. 25 veranschaulicht schematisch eine solche Anlage.

Es bezeichne im Beharrungszustande des Trockners

G kg/h   die dem Trockner zuzuführende Trockengutmenge,
t_e °C   die Temperatur dieses Trockengutes,
W kg/h   die dem Trockengut zu entziehende Wassermenge,
$G-W$ kg/h   die den Trockner verlassende Trockengutmenge,
c kcal/kg die spezifische Wärme von $G-W$,
t_a °C   die Temperatur des austretenden Trockengutes,
L kg/h   die durch den Trockner strömende trockene Luftmenge,
x_1, I_1, t_1 die Zustandsgrößen der Luft am Eintritt,
x_1, I_2, t_2 die Zustandsgrößen der Luft am Austritt,
Q kcal/h   die dem Trockner durch Heizflächen zugeführte Wärmemenge,
Q_V kcal/h die Wärmeverluste durch die Wandungen des Trockners.

Wärmebilanz:
$$L I_1 + (G-W) c t_e + W t_e + Q = Q_V + L I_2 + (G-W) c t_a + W r_0,$$
woraus folgt
$$\frac{Q}{W} = \frac{L}{W}(I_2 - I_1) + \left(\frac{G}{W} - 1\right) c (t_a - t_e) - t_e + \frac{Q_V}{W} + r_0. \qquad (62)$$

Wasserbilanz:
$$W = L(x_2 - x_1),$$
woraus
$$\frac{L}{W} = \frac{1}{x_2 - x_1}, \qquad (63)$$

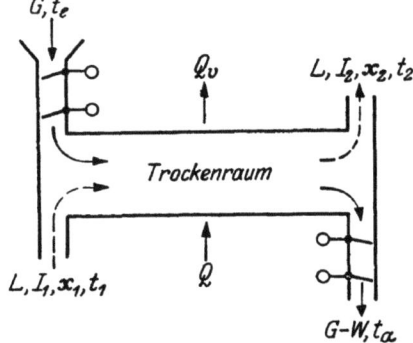

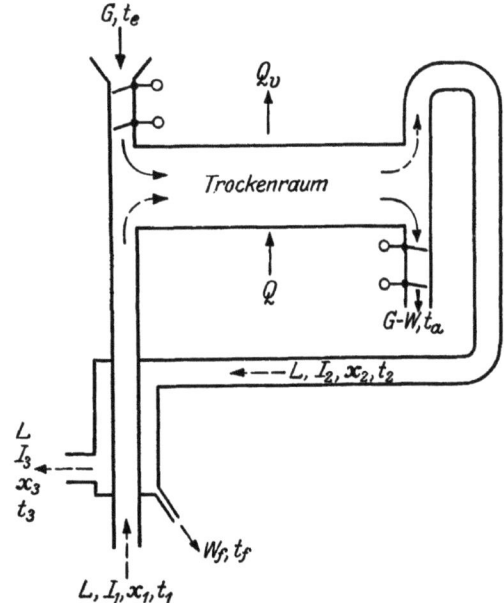

Abb. 25. Kontinuierlicher Trockner

Abb. 26. Kontinuierlicher Trockner mit Rückgewinnung von Abluftwärme

und durch Einsetzen von Gl. (63) in (62)
$$\frac{Q}{W} = \frac{I_2 - I_1}{x_2 - x_1} + \left(\frac{G}{W} - 1\right) c (t_a - t_e) - t_e + \frac{Q_V}{W} + r_0. \qquad (64)$$

Die Gleichungen (63) und (64) stellen den Wärmeverbrauch, bezogen auf 1 kg entzogenes Wasser dar, wobei es gleichgültig ist, ob Q der Trockenluft oder dem Trockengut, oder beiden zusammen zugeführt wird; Gl. (63) gibt den Luftverbrauch.

Eine Möglichkeit zur Verminderung von Q/W bietet die Rückgewinnung von Wärme aus der Abluft (Abb. 26)[1], wobei ein Teil des in der Abluft reichlich vorhandenen Wasserdampfes unter Übertragung seiner Verdampfungswärme auf die Frischluft kondensiert wird. Bezeichnen wir die Menge des auf diese Weise stündlich entstehenden Kondensates mit W_f kg, seine Temperatur mit t_f, so ergeben sich jetzt folgende Bilanzen:

$$L I_1 + (G-W) c t_e + W t_e + Q = Q_V + L I_3 + (G-W) c t_a + W_f t_f + W r_0 \quad (65)$$

und

$$W = L(x_3 - x_1) + W_f. \quad (66)$$

Aus Gl. (63) folgt

$$\frac{Q}{W} = \frac{L}{W}(I_2 - I_1) + \left(\frac{G}{W} - 1\right) c(t_a - t_e) - t_e + \frac{W_f}{W} t_f + \frac{Q_V}{W} + \frac{W}{W} \cdot r_0$$

oder unter Verwendung des Wertes L/W aus Gl. (66)

$$\frac{L}{W} = \left(1 - \frac{W_f}{W}\right)\frac{1}{x_3 - x_1}$$

$$\frac{Q}{W} = \left(1 - \frac{W_f}{W}\right)\frac{I_3 - I_1}{x_3 - x_1}$$
$$+ \left(\frac{G}{W} - 1\right) c(t_a - t_e) - t_e$$
$$+ \frac{W_f}{W} t_f + \frac{Q_V}{W} + r_0. \quad (67)[2]$$

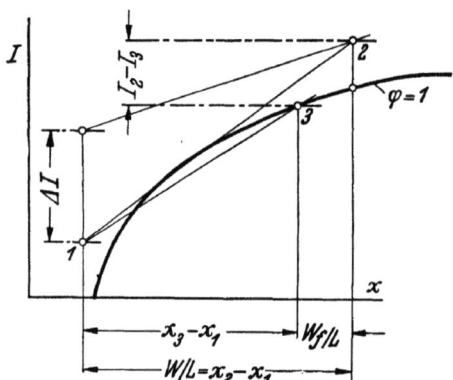

Abb. 27. Rückgewinnung von Abluftwärme in einem kontinuierlichen Trockner

Abb. 27 veranschaulicht die Zustandsänderung der Luft im I, x-Diagramm bei diesem Verfahren im Vergleich zum Verfahren ohne Rückgewinnung von Abwärme; die von der Abluft wieder auf die Frischluft übertragene Wärme ist dort mit ΔI bezeichnet; dabei beträgt $\Delta I = I_2 - I_3 + (x_2 - x_3) \cdot r_0$. Die Luftmengen L sind in beiden Fällen gleich. Das erste Glied der Gl. (67) ist kleiner als das der Gl. (65) wie aus Abb. 27 zu ersehen ist; die zweiten Glieder sind in beiden Fällen gleich; das Glied $W_f \cdot t_f/W$ ist klein im Vergleich zum ersten; Q_V/W ist im Falle (67) wegen der vergrößerten Oberfläche etwas größer als bei (65).

Wir wenden uns wieder zum kontinuierlichen Trockner ohne Rückgewinnung von Abwärme zu. Abb. 28 stellt den Weg der Zustandsänderung der Trockenluft $(1 - 1' - 2)$ dar, wenn ihr Q vor ihrer Berührung mit dem Trockengut zugeführt wird. Die Folge dieser Wärmezufuhr ist die Zustandsänderung $1 - 1'$. Wir wissen aus Abschnitt 6, daß nichtgesättigte Luft, die über Wasser mit einer Beharrungstemperatur t streicht, eine Zustandsänderung in der Richtung $I/x = t - r_0$ erleidet; dies gilt auch hier für die Trockenluft und das nasse Trockengut; die Temperatur dieses Gutes kann wegen des darin enthaltenen Wassers nicht höher als etwa 100° C (Siedepunkt des Wassers entsprechend dem Barometerstand) werden.

---
[1] MOLLIER, R.: Ein neues Diagramm für Dampf-Luft-Gemische. Z. VDI 1923 S. 869
[2] $\frac{Q}{W} = \left(1 - \frac{W_f}{W}\right)\frac{I_3 - I_1}{x_3 - x_1} + \left(\frac{G}{W} - 1\right)c(t_a - t_e) - t_e + \frac{W_f}{W} t_f + \frac{Q_V}{W} + r_0.$

Für $q = 0$ ist $q_0 - r_0 = \frac{\Delta I}{\Delta x}$ und 1 und 1' fallen zusammen, und die Zustandsänderungen der Trockenluft erfolgt von 1 aus in der Richtung $I/x = t_0 - r_0$; die Aufnahmefähigkeit der Luft für Wasserdampf, $x_2 - x_1$, ist sehr klein, und der Luftbedarf L/W würde gemäß Gl. (64) sehr groß werden.

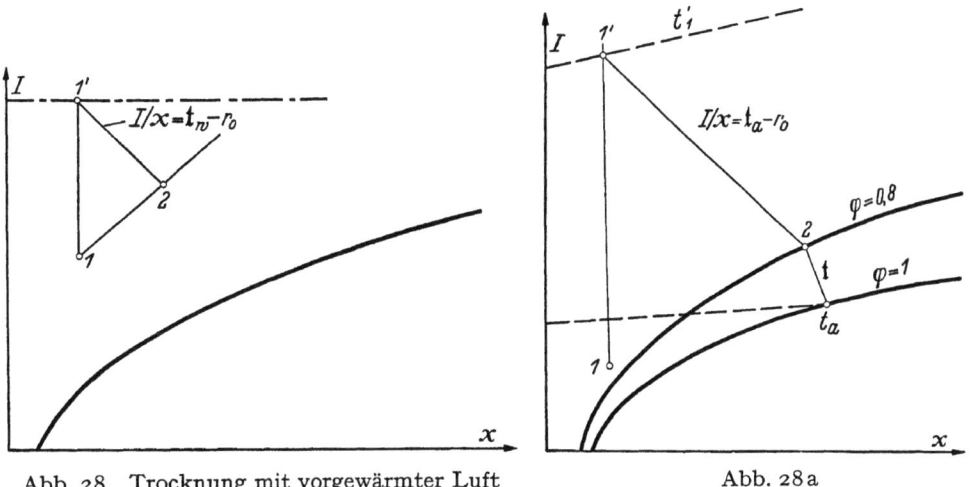

Abb. 28. Trocknung mit vorgewärmter Luft   Abb. 28a

Bei der Berechnung einer kontinuierlichen Trockenanlage wäre wie folgt vorzugehen: Gegeben sind G, W, t_e, t_a (höchste für das Trockengut zulässige Temperatur), c, I_1 und x_1; zu bestimmen sind Q, L, I_2 und x_2. Man trägt im I, x-Diagramm den Zustand I_1, x_1 und die Gerade x_1 = konst. ein; durch den Punkt t_a auf der dem Barometerstand entsprechenden Sättigungskurve (Abb. 29). Zur Vereinfachung sei angenommen, daß das Gut am Ende der Trocknung nichthygroskopisch bleibt) zieht man die t-Linie bis zum Schnitt mit beispielsweise $\varphi = 0,8$, weil volle Sättigung der Abluft in der Praxis nicht erreicht wird, und erhält damit den Abluftzustand I_2, x_2. Von hier findet man die Richtung $I/x = t - r_0$ im Schnitt mit x_1 = konst. die notwendige Heißlufttemperatur t'_1. Nun kann Q/W mit Gl. (65) unter Außerachtlassung des Gliedes Q_V/W berechnet werden; für diesen Wert ist später nach Dimensionierung der Anlage auf Grund der zu erwartenden Wärmeverluste zu Q/W ein Zuschlag zu machen. Gl. (64) ergibt dann

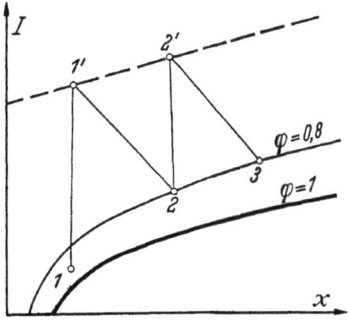

Abb. 29. Trocknung mit stufenweiser Wärmezufuhr

L/W. Die Anlage ist nun so zu bauen, daß die Berührungsdauer und Berührungsweise zwischen Trockengut und Trockenluft genügen, um Trockengut und Abluft in die Endzustände $G - W$ bzw. I_2, x_2 überzuführen, was auf Grund von Erfahrungen zu geschehen hat.

Der Nachteil dieses Verfahrens mit Zufuhr von Q zur Trockenluft vor ihrer Berührung mit dem Trockengut ist der, daß die Frischluft durch Q stark erwärmt werden muß, um praktische Werte von t_a, I_2 und x_2 zu erhalten: wählt man t_e niedriger, so erhält man großen Luftbedarf.

Um diese hohe Erwärmung der Frischluft zu vermeiden, bietet sich jedoch noch ein anderer Weg, nämlich der, die Wärme Q der Luft auf ihrem

Wege durch den Trockner nach und nach zuzuführen. Die bisher entwickelten Gleichungen gelten auch für diesen Fall, da sie sich nur auf die Anfangs- und Endzustände von Luft und Trockengut beziehen. Abb. 29 zeigt den Weg der Zustandsänderung der Luft in dem I, x-Diagramm bei absatzweiser Zufuhr von Q zur Luft: Diese tritt in den Trockner im Zustand 1 ein, wird durch Vorwärmung in 1' übergeführt, tauscht von 1' nach 2 Wärme gegen Wasser aus dem Trockengut aus, wird dann durch weitere Wärmezufuhr in 2' übergeführt, nimmt von 2' nach 3 weiteren Wasserdampf auf usw.; bei 3 ist der Trockenprozeß beendigt. Wir sehen, daß die Luft hier, bei der sog. *Stufentrocknung*, nur mäßig erwärmt zu werden braucht, wobei allerdings mehrere in den Luftweg eingeschaltete Heizkörper notwendig sind. Denken wir uns mehrere kontinuierliche Trockner mit Vorwärmung der Luft hintereinandergeschaltet, so daß jeder das Trockengut und seine Abluft an den nächsten weitergibt, und würde der Trockenprozeß im letzten

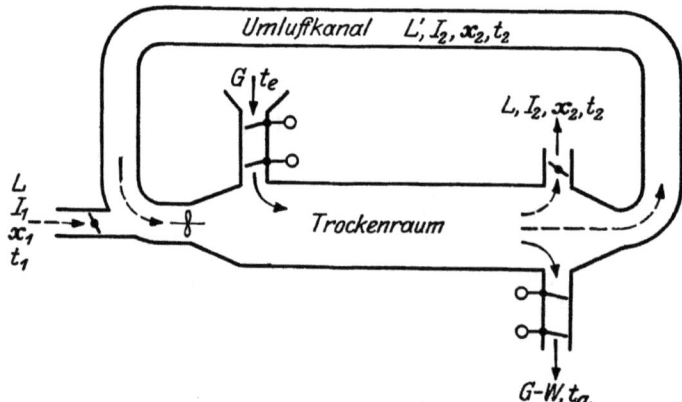

Abb. 30. Kontinuierlicher Trockner mit Umluftbetrieb

Trockner beendigt, so hätten wir einen Stufentrockner mit gleichem Wärme- und Luftverbrauch wie ein einstufiger, vorausgesetzt, daß Anfangs- und Endzustände von Luft und Trockengut sowie die Wärmeverluste in beiden Fällen gleich wären. Baulich wären jedoch solche Trockner nicht einfach. Wir werden später sehen, daß von der stufenweisen Trocknung auf andere Weise Gebrauch gemacht wird.

Das Trockengut hat vielfach eine Gestalt, die eine kontinuierliche Beschickung des Trockners nicht erlaubt oder wünschbar macht, oder die Trockengutmenge ist hierfür zu klein; in diesen Fällen wird die Trocknung in sog. Kammertrocknern vollzogen.

Ein Mittel, um die Luftgeschwindigkeit am Trockengut zu steigern, bietet das *Umluftverfahren*, das darin besteht, der im Trockenraum befindlichen Luft eine zusätzliche Umlaufbewegung zu erteilen, indem sie am Ende des Trockenraumes entnommen und durch einen Umlaufkanal vermittels eines Ventilators dem Eingang in den Trockner wieder zugeführt wird (Abb. 30). Die Luftgeschwindigkeit im Trockenraum kann auf diese Weise auf jeden gewünschten Betrag gesteigert werden, allerdings nur unter Aufwand des Kraftbedarfes für die Umwälzung der Luft. Die bisherigen Gleichungen gelten auch hier; die Wärmezufuhr Q kann auch im Umluftkanal erfolgen. Die Umluftmenge L' tritt in Abb. 30 in den Umluftkanal mit dem Zustande

I_2, x_2 der Abluft ein; der Zustand der in den Trockenraum eintretenden Mischluft, bestehend aus Umluft und Frischluft, läßt sich aus den Mengen L' und L und ihren Zuständen ermitteln und weist höhere Temperatur und höheren Feuchtigkeitsgehalt auf als bei Unterlassung des Umlaufbetriebes.

14. Kammertrockner

Unter Kammertrocknern versteht man Trockeneinrichtungen, welche nicht kontinuierlich, sondern absatzweise mit Trockengut beschickt werden; das Trockengut verbleibt in der Trockenkammer so lange, bis die erwünschte Trocknung erzielt ist, hierauf wird die Kammer entleert und wieder von neuem beschickt. Die Trockenluft dagegen wird während des Trockenprozesses kontinuierlich durch die Kammer geführt (Abb. 31).

Der Wärmeaufwand für den ganzen Prozeß besteht hier aus zwei Teilen, wovon der eine dazu dient, das Trockengut und seine Tragvorrichtung zu erwärmen und der Beharrungstemperatur der erwärmten Trockenluft anzupassen, während der andere zur eigentlichen Trocknung Verwendung findet.

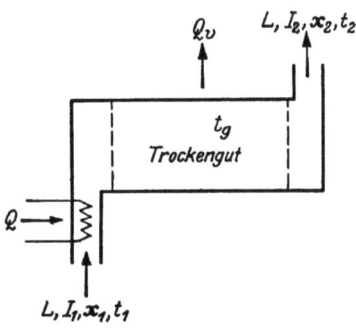

Abb. 31. Kammertrockner

Für die nachfolgende Betrachtung nehmen wir an, daß das Trockengut bereits erwärmt sei und setzen zunächst den Zustand der Frischluft und den der Abluft sowie die Temperatur des Trockengutes während des ganzen Trockenprozesses als konstant voraus. Bezeichnen wir mit

L kg   die im Verlaufe des Trockenprozesses durchgeführte Luftmenge,
Q kcal   die im Verlaufe des Trockenprozesses zugeführte Wärme,
Q_V kcal   die im Verlaufe des Trockenprozesses durch die Raumwandungen ausgetretene Wärme,
W kg   die im Verlaufe des Trockenprozesses verdampfte Wassermenge,
t_g °C   die Temperatur des Trockengutes im Trockner,
I_1, x_1 den Zustand der Zuluft,
I_2, x_2 den Zustand der Abluft,

so erhalten wir folgende Bilanzen:

$$L I_1 + Q + W t_g = L I_2 + Q_V + W \cdot r_0,$$

oder

$$Q = L(I_2 - I_1) - W t + Q_V + W \cdot r_0 \qquad (68)$$

und

$$W = L(x_2 - x_1). \qquad (69)$$

Durch Division von Gl. (68) durch (69) entsteht

$$\frac{Q}{W} = \frac{I_2 - I_1}{x_2 - x_1} - t_g + \frac{Q_V}{W} + r_0, \qquad (70)$$

während Gl. (69) auch geschrieben werden kann als

$$\frac{L}{W} = \frac{1}{x_2 - x_1}.$$

Für den Wärme- und Luftverbrauch nach Gl. (68) und (69) ist es auch hier gleichgültig, ob Q nur an einer Stelle oder auf mehrere verteilt zugeführt wird; im letzteren Falle ändert sich t_g etwas mit dem Orte; doch kann mit genügender Annäherung mit einem Mittelwert gerechnet werden.

Die Abnahme des Wassergehaltes des Trockengutes im Verlaufe des Trockenprozesses wird in Wirklichkeit die an 1 kg trockene Luft abgegebene Wassermenge $x_2 - x_1$ etwas vermindern, was bei unveränderlicher Wärme- und Luftzufuhr ein Steigen der Ablufttemperatur zur Folge haben muß (Übergang des Endzustandes 2 in 2' in Abb. 32); dem entspricht eine Zunahme von $I_2 - I_1/x_2 - x_1$, von Q/W und von L/W; durch Drosselung der Wärme- und der Luftzufuhr kann dieser Erscheinung jedoch entgegengetreten werden.

Zur Erhöhung der Luftgeschwindigkeit in der Trockenkammer läßt sich

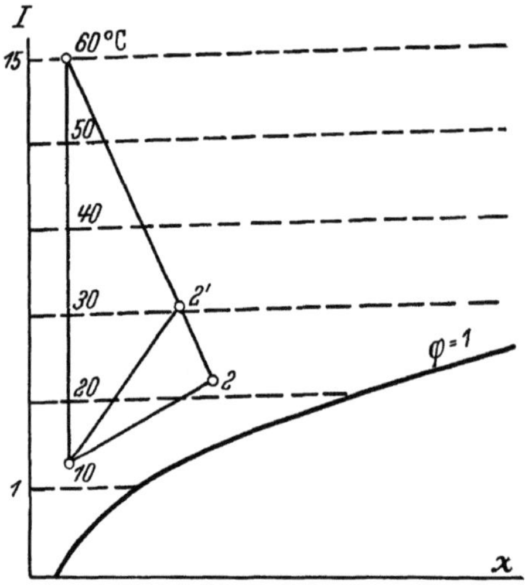

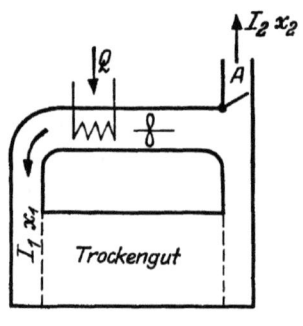

Abb. 32. Änderung des Abluftzustandes im Kammertrockner

Abb. 33. Heißdampftrocknung

auch hier, wie bei den kontinuierlichen Trocknern, das Umluftverfahren anwenden.

In Kammertrocknern wird auch die sog. *Heißdampftrocknung* durchgeführt. Diese arbeitet nach dem Umluftverfahren (Abb. 33), jedoch ohne Frischluftzufuhr während des Trockenprozesses. Nachdem die Kammer mit Trockengut beschickt ist, wird die Heizung (Q) und der Ventilator in Betrieb gesetzt; aus dem Trockengut tritt Wasserdampf aus, was im geschlossenen Raume eine Drucksteigerung zur Folge haben würde; eine solche wird aber verhindert durch die Auspuffklappe im Auspuffrohr A, die eine entsprechende Menge Trockenluft ins Freie entweichen läßt. Die umlaufende Trockenluft nimmt nun mit steigender Temperatur mehr und mehr Wasserdampf auf; schließlich wird bei etwa 100° C Lufttemperatur ein Zustand erreicht, bei dem der Teildruck der Luft zu Null wird und also keine Luft mehr, sondern nur noch Wasserdampf im Trockenraume umläuft; damit noch weitere Wasseraufnahme stattfinden kann, muß der dem Trockengut zuströmende Dampf überhitzt sein; aus dem Rohre A nur noch Wasserdampf aus, und die Trocknung wird nicht mehr mit Luft, sondern mit überhitztem Dampf, der aus dem im Trockengut enthaltenen Wasser erzeugt wird, geleistet; es ist demnach keine Trockenluft zu erwärmen, und der Wärmeverbrauch ist entsprechend gering. Für gewisses Trockengut, welches die hier auftretenden hohen Temperaturen vertragen kann, ist das Verfahren vorteilhaft.

Würde man den Gegendruck im Rohre A durch geeignete Vorrichtungen erniedrigen, so könnte das Verfahren auch mit niedrigeren Temperaturen durchgeführt werden.

Um die Beschickung der Kammertrockner zu erleichtern und einen dem kontinuierlichen Trocknen nahekommenden Betrieb zu erhalten, werden jene vielfach als sog. *Kanal-* oder *Tunneltrockner* ausgebildet; die Trockenkammer ist hier ein langer Raum, der an beiden Enden mit Toren versehen ist; durch das eine derselben werden mit Gestellen für das Trockengut versehene Wagen eingefahren und durchlaufen nach und nach den Trockenraum, indem in gleichen Zeitabständen jeweils ein Wagen aufgegeben wird, wobei die davor befindlichen um eine Wagenlänge vorgeschoben werden; der vorderste Wagen tritt jeweils aus, wird entleert, um später mit neuer Ladung wieder eingeführt zu werden.

Ein im Prinzip gleiches Verfahren kommt in zu einer sog. *Batterie* zusammengeschalteten Trockenkammern zur Anwendung; diese sind hintereinandergeschaltet, bilden einen geschlossenen Ring und werden nacheinander von der Trockenluft durchströmt, wobei durch geeignete Einrichtungen der Frischlufteintritt und der Abluftaustritt an eine beliebige Stelle des Ringes verlegt werden können; durch diejenige Kammer welche entleert und frisch beschickt wird, tritt die Luft ein, um nach Durchströmen aller übrigen Kammern wieder auszutreten; jede Kammer wandert auf diese Weise nach und nach gegen das Ende des Luftstromes hin, womit eine Wirkung ähnlich wie beim Kanaltrockner erreicht wird.

Bei beiden Verfahren läßt sich die stufenweise Wärmezufuhr während des Trockenvorganges verwirklichen und manchmal auch noch eine teilweise Rückgewinnung der in der Abluft oder im getrockneten Trockengut enthaltenen Wärme.

15. Zerstäubungstrockner

Ein wärmetechnisch sehr interessantes, bereits 8 Jahre altes Trockenverfahren, in welchem ebenfalls Prof. Dr.-Ing. KIRSCHBAUM, T. H. Karlsruhe (Baden) in seinem Laboratorium forschend tätig ist, veröffentlichte er im *„Bulletin Technique Vevey No. 1, 1950, Seite 4—9"* der *Ateliers de Construction Mécaniques de Vevey S. A. Vevey/Schweiz* eine sehr interessante Mitteilung über einen Zerstäuberturm, der u. a. für Milch-, Hefe-, Weizen-, Blut- und Pharmazie-Pulverherstellung verwendet wird. Wenn die zur Trocknung durch Düsen zerstäubte Flüssigkeit mit Luft von 150° C (welche zuvor von 25° C und $\varphi = 1$ auf diese Temperatur erhitzt wurde) zusammentrifft, wobei φ auf etwa 0,005 sinkt, was etwa 12 kcal/kg benötigt (alles laut I, x-Diagramm) wird die Flüssigkeit nur auf 47° C erwärmt, weil die Luftwärme sofort zur Verdunstung der Flüssigkeit verbraucht wird, wozu bei Wasser etwa 570 kcal/kg verbraucht werden. Die Trockenzeit ist außerordentlich klein (kürzer je kleiner die Tröpfchen sind!); sie wird bei Wasser-Tröpfchen mit einem Durchmesser von 0,001 mm auf 1/10000 sek. berechnet.

16. I, x-Diagramm für Kältezwecke

Wie mir der Springer-Verlag mitteilte, besteht auch für ein I, x-Diagramm für Kältezwecke großes Interesse.

Daher fügte ich noch ein weiteres I, x-Diagramm für Temperaturen von $-30°$ C bis $+40°$ C bei und auch mit rechtwinkligen Koordinaten. Bei einer Wärmebilanz ist natürlich auch in diesem Falle die Verdampfungswärme $r = 597,3$ kcal/kg bzw. $x \cdot 597,3$ kcal/$1 + x$ kg beizufügen.

17. I, x-Diagramm für hochtemperierte Luft

Die Grundlage für die I, x-Diagramme 1 und 2 bildet Gl. (11)

$$I = i_L + x \cdot i_D.$$

Für Lufttemperaturen zwischen 0 und $130°$ C setzen wir in dieser Gleichung

$$i_L = c_{Lp} \cdot t$$

wobei c_{Lp} wieder die mittlere spezifische Wärme zwischen $0°$ C und $t°$ C bedeutet und

$$i_D = 0,46 \cdot t.$$

Für wesentlich höhere Temperaturen ist diese Voraussetzung einer konstanten spezifischen Wärme des Wasserdampfes nicht mehr annehmbar, da die spezifischen Wärmen mit der Temperatur wachsen; sie betragen nach Prof. Dr.-Ing. ERNST SCHMIDT in seinem hier im 1. Abschnitt S. 2 bereits erwähnten Buche, S. 43, Tabelle 12, und auch in der „Hütte", 27. Auflage, Bd. I, S. 548 enthaltene, nachstehend enthaltene Werte:

Temperatur	Trockene Luft	Wasserdampf	Temperatur	Trockene Luft	Wasserdampf
°C t	kcal kg c_{Lp}	kcal/kg c_{Dp}	°C t	kcal/kg c_{Lp}	kcal/kg c_{Dp}
0	0,2396	0,442	1300	0,2910	0,532
100	0,2412	0,446	1400	0,2932	0,539
200	0,2451	0,451	1500	0,2948	0,546
300	0,2500	0,457	1600	0,2964	0,553
400	0,2553	0,463	1700	0,2980	0,560
500	0,2609	0,470	1800	0,2996	0,566
600	0,2664	0,477	1900	0,3011	0,572
700	0,2717	0,485	2000	0,3026	0,578
800	0,2757	0,493	2100	0,3038	0,584
900	0,2796	0,501	2020	0,3049	0,589
1000	0,2834	0,509	2300	0,3059	0,594
1100	0,2863	0,517	2400	0,3069	0,599
1200	0,2888	0,524	2500	0,3078	0,604

Die Gleichung für den Wärmeinhalt, mit welcher Diagramm 3 aufgestellt wurde, lautet also

$$I = t \left(c_{Lp} + x \cdot c_{Dp} \right). \tag{71}$$

Es ist dort nur *eine* Sättigungskurve, nämlich die für 760 mm Barometerstand, eingetragen, da die übrigen beinahe mit dieser zusammenfallen; auf dieser Kurve sind die Temperaturen gesättigter Luft vermerkt.

18. Trocknen mit Feuergasen

Das beiliegende Diagramm 3 läßt sich für die Praxis genügender Annäherung auch zur Berechnung der Feuergastrocknung verwenden, da der Wärmeinhalt der wasserdampffreien Feuergase (i_F) nur wenig von dem wasserdampffreier (trockener) Luft (i_L) abweicht.

Zu diesem Zwecke hat man aus Brennstoff und Verbrennungsluft die Zusammensetzung der Feuergase zu bestimmen, sie dann zu trennen in den wasserdampffreien (kurz trocknen) Anteil F_t und den Wasserdampf F_w kg; es ist dann

$$x_1 = F_w/F_t.$$

Um den Anfangszustand der Gase in dem Diagramm festzulegen, benötigt man weiter entweder ihre Temperatur nach vollendeter Verbrennung oder ihren Wärmeinhalt I_1 der Menge $1 + x_1$ kg

$$I_1 = i_F + x_1 i_W;$$

Verbrennungstemperatur und I_1 lassen sich für einen Verbrennungsvorgang errechnen.

In kontinuierlichen (z. B. Trommel-) Trocknern ohne weitere Wärmezufuhr während des Trockenvorganges erleiden die Feuergase auf ihrem Wege durch das Trockengut eine Zustandsänderung auf $I/x = t_g - r_0$ (t_g = Temp. des Trockengutes im Trockner), welche Richtung annähernd mit $I/x = r_0$ übereinstimmt und verlassen ihn mit dem größeren Wassergehalt x_2. Der Bedarf an trockenen Feuergasen zur Entziehung von 1 kg Wasser aus dem Trockengut beträgt

$$\frac{1}{x_2 - x_1} \text{ kg/kg};$$

bezeichnen wir mit

b kg das zur Erzeugung von 1 kg trockenen Feuergasen benötigte Brennstoffgewicht,

B kg den Brennstoffverbrauch für 1 kg verdampftes Wasser,

so ist

$$B = \frac{b}{x_2 - x_1} \text{ kg/kg}.$$

Um die Eintrittstemperatur der Feuergase zu erniedrigen, was bei Trockengut, das nicht auf annähernd 100° C erwärmt werden darf, nötig ist, mischt man den Feuergasen nach vollendeter Verbrennung, vor dem Eintritt in den Trockner Luft bei. Bezeichnen wir den Zustand der Feuergase mit I', x', den der beizumischenden Luft mit I'', x'', den des Gemisches mit I_1, x_1, die entsprechenden Temperaturen mit t', t'', t_1, die Menge der trockenen Feuergase in kg mit F_t und die Menge der beizumischenden trockenen Luft mit L, so ist nach Abschnitt 4

$$x_1 = \frac{x' + n x''}{1 + n}, \quad \text{wo} \quad n = \frac{L}{F_t} = \frac{x' - x_1}{x_1 - x''}$$

und

$$I_1 = \frac{I' + n I''}{1 + n};$$

der Mischzustand I_1, x_1 liegt in dem I, x-Diagramm auf der Verbindungsgeraden I', $x' - I''$, x''.

Die für das Trockengut höchst zulässige auf der Sättigungskurve gelegene Temperatur bestimmt die Gerade $I/x = \tau$-Linie, auf der die Zustandsänderung des Gemisches im Trockner erfolgt (Abb. 34); diese Gerade bringt man zum Schnitt mit der Verbindungsgeraden I', $x' - I''$, x'' und findet so I_1, x_1; es ist dann

$$n = \frac{x' - x_1}{x_1 - x''} = \frac{L}{F_t},$$

womit das Mischungsverhältnis bestimmt ist; auf $1 + x'$ kg feuchte Feuergase entfallen $n(1 + x'')$ kg feuchte Luft.

Der Brennstoffbedarf findet sich in diesem Falle aus folgender Überlegung: Zur Verdampfung von 1 kg Wasser sind nötig

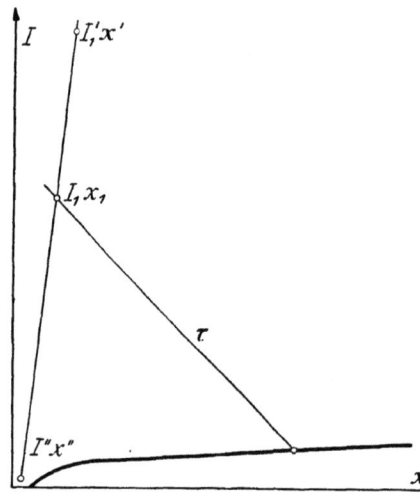

Abb. 34. Trocknung mit einem Gemisch aus Feuergasen und Luft

$$\frac{1}{x_2 - x_1} = z(1 + n) \text{ kg trockene Gase,}$$

von denen der Teil z aus den Feuergasen und der Teil zn aus der Zusatzluft stammt; hieraus folgt

$$z = \frac{1}{(x_2 - x_1)(1 \alpha n)};$$

da zur Erzeugung von z kg trockenen Feuergasen zb kg Brennstoff nötig sind, ergibt sich der zur Verdampfung von 1 kg Wasser aufzuwendende Brennstoff zu

$$B = \frac{b}{(x_2 - x_1)(1 + n)} \text{ kg}.$$

Hierbei hängen $x_2 - x_1$ und n zusammen, und zwar in der Weise, daß $x_2 - x_1$ abnimmt, wenn n wächst. Das Produkt $(x_2 - x_1)(1 + n)$ nimmt mit wachsendem n zu und B daher ab; die Zumischung von Luft zu den Feuergasen bringt also verkleinerten Brennstoffverbrauch; für $n = 0$ ergibt sich der Grenzfall der Trocknung ohne Zusatzluft

$$B = \frac{b}{x_2 - x_1}.$$

Mit steigendem n, d. h. abnehmendem Werte $x_2 - x_1$, wächst die durch den Trockner zu führende Gas-Luft-Menge.

Die Vorteile der Feuergastrocknung vor der Trocknung mit Luft sind:
1. Einfachheit der Anlage, dadurch bedingt, daß die zur Trocknung aufzuwendende Wärme den Trockengasen in der Feuerung direkt zugeführt wird; es sind keine Vorrichtungen zur Übertragung der Wärme auf die Trockenluft notwendig.
2. Möglichkeit der Verwendung hochtemperierter Trockengase und daher geringer Gasmengen in Fällen, wo das Trockengut hohe Temperatur verträgt.

Nachwort betr. die Maßstäbe der Abszissen (x) und der Ordinaten (I). Sollten die Maße der Diagramme infolge Papierschwund gegenüber dem

Normalmaß etwas geschwunden sein, so erlaubt folgendes Verfahren dennoch die Anwendung von Normalmaßstäben:

Man denkt sich über der Abszissenachse über einen Abschnitt von 50 mm ein niedriges, rechtwinkliges Dreieck, dessen lange Kathete z. B. $\Delta x = 0{,}1$ ist; auf der Hypotenusenseite ist dann der Normalmaßstab von 50 mm so anzulegen, daß er gerade die Hypotenuse des Dreiecks bildet; dann lassen sich von dort alle Maße durch Ordinatenparallele auf die Abzissenachse übertragen. — Analog verfährt man mit ΔI auf der Ordinatenachse. Dieses Verfahren kann auch bei Diagramm 3 angewendet werden, welches im Maßstab etwa 9:10 gegenüber dem Original gedruckt wurde, um es besser dem Buchformat anzupassen.

End-Tabelle
über

Absatz-	Gleichungs-	Abbildungs-	und Seiten-Nummer
1	1 — 7	—	1 und 2
2	8 — 19	1 und 2	3 — 7
3	20	3 ,, 4	7 — 9
4	21 — 23	5 ,, 6	9 — 10
5	24 — 30	7 ,, 8	11 — 13
6	31 — 41	9 — 13	13 — 20
7	42 — 46	14 und 15	21 — 23
8	47 — 53	16	23 — 24
9	54 — 59	17	24 und 25
10	—	—	25 — 26
11	—	18 und 19	26 — 28
12	60 — 62	20 — 24	28 — 30
13	63 — 67	25 — 30	30 — 35
14	68 — 70	31 — 33	35 — 37
15	—	—	37
16	—	—	38
17	—	—	38
18	—	—	39 — 41

(721/78/57) V/12/6

Berichtigung

S. 25, 2. Zeile nach Gl. (57): **lies** Gl. (49) statt Gl. (48)

S. 38, letzter Satz des Abschnitts 16 **lies**: Bei einer Wärmebilanz ist auch in diesem Falle die Verdampfungswärme r der vorhandenen Verdampfungstemperatur beizufügen.

I, x-Diagramm 4 (am Schluß des Buches), letzte Zeile der Überschrift: nach „bzw." **lies** r statt x

Additional information of this book

i,x-Diagramme feuchter Luft und ihr Gebrauch bei der Erwärmung, Abkühlung, Befeuchtung, Entfeuchtung von Luft bei Wasserrückkühlung und beim Trocknen; 978-3-540-02274-9) is provided:

http://Extras.Springer.com

MIX
Papier aus verantwortungsvollen Quellen
Paper from responsible sources
FSC® C105338

If you have any concerns about our products,
you can contact us on
ProductSafety@springernature.com

In case Publisher is established outside the EU,
the EU authorized representative is:
**Springer Nature Customer Service Center GmbH
Europaplatz 3, 69115 Heidelberg, Germany**

Printed by Libri Plureos GmbH
in Hamburg, Germany